工廠叢書 �57

品質管制手法〈增訂二版〉

陳佑和　編著

憲業企管顧問有限公司　　發行

《品質管制手法》〈增訂二版〉

序　言

　　品質管制手法運用好，工廠管理沒煩惱。作為一名工廠管理幹部或品質管制人員，熟練地運用品質管制手法，將會給你的工作帶來方便及效率。

　　針對企業的實際需要，本書介紹品質管制方法應注意的事項；分門別類提出各種品質管制手法的基本概念、應用要點、製作步驟、應用實例；並舉出企業成功案例。

　　本書是以品質管制手法為基礎，而加以闡釋說明，依理論結合實際的原則，有較深入的理論分析，也有相當多的案例分析，透過此書的閱讀，能明白品質管制改善技巧。

　　本書在 2003 年 2 月初版，2010 年全面修正內容，增加更多案例，步驟技巧。全書所介紹的品質管制手法，適用於各種行業的工廠管理人員閱讀，如果你是一名精通品管手法的高手，本書的一些新的視點，會對你產生一些啟示。

2010 年 5 月

《品質管制手法》〈增訂二版〉

目　錄

第1章　品質管制手法改善公司績效 / 6

一、掌握生產數據的獲取 ⋯⋯⋯⋯⋯⋯⋯⋯⋯⋯⋯⋯7

二、學會使用質量分析的圖、表工具 ⋯⋯⋯⋯⋯16

三、製作圖表時應注意事項 ⋯⋯⋯⋯⋯⋯⋯⋯⋯33

四、學會運用質量過程控制 ⋯⋯⋯⋯⋯⋯⋯⋯⋯45

第2章　品質管制手法的教育 / 54

一、品質管制手法的教育 ⋯⋯⋯⋯⋯⋯⋯⋯⋯⋯55

二、公司導入的案例 ⋯⋯⋯⋯⋯⋯⋯⋯⋯⋯⋯⋯58

第3章　有效運用特性要因圖法 / 62

一、特性要因圖法的基本定義 ⋯⋯⋯⋯⋯⋯⋯⋯63

二、特性要因圖法的應用技巧 ⋯⋯⋯⋯⋯⋯⋯⋯64

三、特性要因圖的應用 ⋯⋯⋯⋯⋯⋯⋯⋯⋯⋯⋯67

四、特性要因圖的製作流程 ⋯⋯⋯⋯⋯⋯⋯⋯⋯68

五、特性要因圖應注意的事項 ⋯⋯⋯⋯⋯⋯⋯⋯70

六、特性要因圖的應用實例 ⋯⋯⋯⋯⋯⋯⋯⋯⋯72

第4章　有效運用柏拉圖法 / 79

一、柏拉圖的基本定義 ⋯⋯⋯⋯⋯⋯⋯⋯⋯⋯⋯⋯⋯⋯80

二、柏拉圖的應用技巧 ⋯⋯⋯⋯⋯⋯⋯⋯⋯⋯⋯⋯⋯⋯80

三、柏拉圖的製作流程 ⋯⋯⋯⋯⋯⋯⋯⋯⋯⋯⋯⋯⋯⋯83

四、使用柏拉圖應注意事項 ⋯⋯⋯⋯⋯⋯⋯⋯⋯⋯⋯⋯88

五、柏拉圖的應用對策 ⋯⋯⋯⋯⋯⋯⋯⋯⋯⋯⋯⋯⋯⋯90

六、柏拉圖的應用實例 ⋯⋯⋯⋯⋯⋯⋯⋯⋯⋯⋯⋯⋯⋯91

第5章　有效運用系統圖法 / 113

一、系統圖法的基本定義 ⋯⋯⋯⋯⋯⋯⋯⋯⋯⋯⋯⋯⋯114

二、系統圖法的應用技巧 ⋯⋯⋯⋯⋯⋯⋯⋯⋯⋯⋯⋯⋯115

三、系統圖法的製作流程 ⋯⋯⋯⋯⋯⋯⋯⋯⋯⋯⋯⋯⋯116

四、系統圖法的應用實例 ⋯⋯⋯⋯⋯⋯⋯⋯⋯⋯⋯⋯⋯122

第6章　有效運用KJ法 / 130

一、KJ法的基本定義 ⋯⋯⋯⋯⋯⋯⋯⋯⋯⋯⋯⋯⋯⋯⋯131

二、KJ法的應用技巧 ⋯⋯⋯⋯⋯⋯⋯⋯⋯⋯⋯⋯⋯⋯⋯134

三、KJ法的製作流程 ⋯⋯⋯⋯⋯⋯⋯⋯⋯⋯⋯⋯⋯⋯⋯135

四、KJ法的應用實例 ⋯⋯⋯⋯⋯⋯⋯⋯⋯⋯⋯⋯⋯⋯⋯141

第7章　有效運用檢查表 / 147

一、檢查表的基本定義 ⋯⋯⋯⋯⋯⋯⋯⋯⋯⋯⋯⋯⋯⋯148

二、檢查表的應用技巧 ⋯⋯⋯⋯⋯⋯⋯⋯⋯⋯⋯⋯⋯⋯148

三、檢查表的製作流程 ⋯⋯⋯⋯⋯⋯⋯⋯⋯⋯⋯⋯⋯⋯149

四、檢查表製作應注意事項 ················ 150

五、檢查表的應用 ················ 150

六、檢查表的應用實例 ················ 151

第 8 章　有效運用層別法 / 177

一、層別法的基本定義 ················ 178

二、層別法的應用技巧 ················ 179

三、層別法的製作流程 ················ 180

四、層別法使用應注意事項 ················ 180

五、層別法的應用實例 ················ 181

第 9 章　有效運用散佈圖法 / 189

一、散佈圖法的基本定義 ················ 190

二、散佈圖法的應用技巧 ················ 190

三、散佈圖法的製作流程 ················ 191

四、散佈圖的正確辨識 ················ 192

五、散佈圖法的應用實例 ················ 198

第 10 章　有效運用直方圖法 / 201

一、直方圖法的基本定義 ················ 202

二、直方圖法的應用技巧 ················ 202

三、直方圖法的製作流程 ················ 210

四、使用直方圖時應注意事項 ················ 214

五、直方圖法的應用實例 ················ 214

第 11 章　有效運用控制圖法 / 223

一、控制圖法的基本定義 ────────────────── 224

二、控制圖法的應用技巧 ────────────────── 225

三、分析用控制圖與控制用控制圖 ────────── 226

四、控制圖的製作流程 ─────────────────── 229

五、控制圖使用時應注意事項 ─────────────── 234

六、應用實例 ─────────────────────────── 235

第 12 章　有效運用 PDPC 法 / 264

一、PDPC 法的基本定義 ──────────────── 265

二、PDPC 法的應用技巧 ──────────────── 267

三、PDPC 法的製作流程 ──────────────── 269

四、PDPC 法的應用實例 ──────────────── 272

第 13 章　品質管制手法的實戰案例 / 276

案例一：減少月報製作的錯誤 ───────────── 277

案例二：降低電源供應器半成品測試不合格率 ──── 284

案例三：提高輪胎成型之能率 ───────────── 287

案例四：最高階層的目標或長期方針的擬訂 ──── 292

案例五：紙箱正反版面錯釘問題改善 ────────── 295

案例六：在品管圈活動中向其他公司學習 ────── 298

第 *1* 章

品質管制手法改善公司績效

　　企業要提高產品質量，就必須弄清出現這些問題的原因是什麼，其中主要原因又是什麼，以及各種因素對質量的影響程度等，以便對症下藥解決問題。問題往往要根據生產數據、應用統計方法使問題集中化、明確化、顯現化，最終得出正確的結論，以便採取對策解決問題，提高質量。

　　在一些中小企業中，總有一部分人，當工作中出了問題時，不是想辦法解決問題，而總是找藉口或推卸責任。

　　生產過程和服務過程的質量都會受到許多因素的影響，這些因素中，除了人的主觀因素外，還有許多客觀因素的存在。在生產與服務過程中，難免會出差錯、產生次品，重要的是如何對待這些問題。是順其自然，還是盡力想辦法解決？這是兩種截然不同的態度。產品和服務質量的提高最為可貴的是要找出產生問題的真正原因，並想辦法用改善的心態去解決問題。

　　企業要提高產品質量，就必須弄清出現這些問題的原因是什麼，其中主要原因又是什麼，以及各種因素對質量的影響程度等，以便對症下藥解決問題。但有些問題並不是一下子就能看出來，往往要根據生產數據、應用統計方法使問題集中化、明確化、顯現化，最終得出正確的結論，以便採取對策解決問題，提高質量。

一、掌握生產數據的獲取

（一）搜集數據的目的

　　為了取得高質量的數據，首先要目的明確。搜集數據的目的很多，主要包括：

1. 用於控制現場的數據

　　例如，產品尺寸的波動有多大？在裝配過程中出現了多少不合格品？藥品不純度達到什麼程度？機器出現了多少次故

障？打字員打字出現多少個差錯？等等。

2.用於分析的數據

例如，為了調查紗線的不均勻度與紡織機器的測量儀錶有什麼關係，需要制訂實驗設計進行實驗，對取得的數據加以分析，然後將分析結果訂入操作規範和管理規章制度中。

3.用於調節的數據

例如，對於乾燥室的溫度進行觀測，「溫度過高調低些，過低則調高些」，這些就是進行調節溫度的數據。規定的數據有測定時間、調節界限、調節量等，通常都訂在操作規範和管理規章制度中。

4.用於檢查的數據

例如，逐個測量產品，把測量結果與規格進行對比，判定產品中的合格品與不合格品，這就是用於檢查的數據。此外，為了判定批量產品合格與不合格，可從批量產品中隨機抽取樣本，再對樣本進行測定，這就是抽樣檢查的數據。這類檢查數據可以反饋給有關部門進行分析和管理。

（二）數據的分類

不同種類的數據，其統計性質不同，相應的處理方法也就不同。因此，對於數據要正確分類。數據按其是否可以計量可分為定量數據和定性數據，前者可以直接用數字加以反映；而後者一般由人的知識、經驗和感覺加以判斷，在此基礎上得出的數據，例如水果的甜度或衣服的美感等。這兩者的最後結果都是數據化的。根據其不同性質將生產現場數據分為以下幾類：

1. 計量數據

計量數據是指只要有測量儀器就可連續測量的數據。例如長度、重量、時間、含水率、電阻阻值等連續值所取得的數據。

2. 計數數據

不管有多少測量儀器，也不能連續測量的數據，例如不合格品數、缺陷數、事故數等可以按 0 個、1 個、2 個……一直數下去的數據。計數數據還可以進一步分為計件數據和計點數據。前者如不合格品數、缺勤人數等都是計件數據，把這些數據變換成比率後也是計件數據；後者如缺陷數、事故數、疵點數、每頁印刷錯誤數等都是計點數據。

在此順便提一下，在後面的統計方法中，當數據是計量值時，用直方圖表現總體態勢是最適合的。但數據是計數值時，就不能用直方圖。這時採用檢查表來反映總體狀況比較恰當。

3. 順序數據

例如，把 10 類產品按評審標準順序排成 1、2、3……10，這樣的數據就是順序數據。在對產品進行綜合評審而又無適當儀錶進行測量的場合常用這類數據。

4. 點數數據

這是以 100 點或 10 點記為滿點進行評分的數據。在評比的場合常用這類數據。

5. 優劣數據

例如有甲、乙兩種紡織品，比較那種手感好而得出的結果就是優劣數據。

由於品質管制強調以數據說話，所以即使在無適當測量儀

錶的場合，也應當按照取得順序數據或點數數據等方法，儘量
用數值把調查研究對象定量地表示出來。這一點很重要。

（三）數據收集與整理

1.按數據收集順序製作圖表，把握偏差狀態

在解析實際的數據時，首先最重要的是按數據收集順序
（儘量是被測定的產品製造順序）製作成圖表，從中可以瞭解是
否存在特殊趨向與怪異現象、變化點、異常值等。當這些特殊
情況不存在時，可以用來瞭解總的「偏差」是什麼狀態。同給
定的規格（標準偏差）比較，判斷其偏差程度如何等。

例如，有家企業開展了「減少不良事故和減少機器停轉」
的質量改進活動。不良事故是指產品的質量問題，例如「尺寸
不良」、「粘接不良」、「硬度不良」、「外觀不良」、「傷痕不良」
等。開展活動後，的確使不良事故的發生次數逐步地減少到一
半的程度。但是，隨著發生次數的減少，要想進一步地繼續減
少，對必要的技術力量的要求也越來越高。而且，對於數量上
已經減少的不良事故，即使再減少一半，恐怕很難取得成效。
從而，崗位操作人員對完成這一目標的動力不大，自信心也不
足。結果，質量改進活動開展得並不理想。在分析了活動開展
不理想的種種現象後，發現提出的目標不明確。既然把「減少
不良事故」作為一項目標提了出來，到底減少到什麼程度才算
完成目標？對不良事故，為什麼不提出「消滅」而提出「減少」
呢？於是，把「消滅不良事故」作為目標，繼續地開展質量改
進活動。1 年之後，計劃如期完成，不良事故的發生次數降低

到零。當拿出一些事例剖析其中解決問題的第一步有什麼共同特徵時，發現所有事例都是通過現場觀察質量問題發生時的瞬間事實後解決的。從此以後，這家企業在品質管制上目標明確：凡是問題，必是提出以「消滅」為目標，並且，首先對「如何觀察問題」做出週密的計劃。由於特別重視這方面的工作，從而取得了巨大的成果。

2. 採用「比較觀察法」把握原因

　　針對具體的對象，手中已有反映這方面問題發生狀況的數據時，可以使用這些數據進行有效的觀察。觀察的方法是進行比較。比較的結果，就會在自己的腦中產生這樣的看法：「都是做同樣的工作，為什麼一方（某個人或者其他班組）做得不好呢？」如果能弄清楚其中的道理的話，便可以改變不好一方的做法，把它統一到好做法上。這樣，不必改變目前的工作方式和方法（也就是說，採用新的對策後，不必增加生產成本或者其他費用），便可以把整個工作水準提高到好的一方水準上。

　　問題為什麼發生？那兒不好？一般來說，觀察和思考這些問題往往是非常困難的。有時候，觀察不良產品本身或者經常出現次品的機器時，無論怎麼觀察，還是弄不懂為什麼質量不好。可是，把作為典型的好的產品和不好的產品放在一起進行比較的話，鑒別兩者的差異就比較容易了。由此可見，把好的典型和壞的典型放在一起進行區別和比較，從中判斷出問題的原因，這就是「比較觀察法」。

3. 將好與不好的東西，進行實物比較

好與不好儘管可以用數據、圖表、文字等加以說明或反映，但是，最讓人直觀的感覺好與不好的方法是用實物對比。

有一家企業對產品質量不好的原因進行調查。但是，無論怎樣改進，產品不合格率甚至連降低百分之一也難以做到。後來，他們各取一件劣質產品和優質產品分別拆開，進行實物比較，結果發現其中有一個部件的表面光潔度不太一樣。按以往的經驗，並不認為它與質量不好有關係。為了調查表面光潔度是否是真正的原因，他們改變表面光潔度的生產標準，並另外試製了一件產品。經測試的結果，終於弄清楚它就是造成質量不好的真正的原因。通過這樣的比較，大大地改進了產品質量，使產品不合格率一下子降低到千分之一的程度。

4. 對好的因素和不好的因素，進行系統比較

機器、人、材料等是生產的諸多因素。用同樣的因素生產同樣的產品，有的因素造成產品不合格率高，有的因素造成產品不合格率低。究竟兩者有何不同？通過系統比較，可以找出工作方式和方法上的差異；並且，經過驗證，可以找出其真正的原因。下面試舉一例。

例如，對於產品的表面傷痕，一般都認為是搬運時不小心造成的。後來，通過數據圖表的對比和分析，才弄清楚同一系統的加工機器所造成的產品不合格率確實不一樣，有的加工機器所造成的產品表面傷痕多，有的加工機器所造成的產品表面傷痕少。為驗證這一點，經過對兩種機器的運行系統進行比較後，發現有這樣的現象存在：同樣是緊貼產品接觸面的控制帶，

造成產品表面傷痕少的機器貼得很緊密，而造成產品表面傷痕多的機器大多貼得不緊，有鬆脫現象存在。當調整控制帶使之緊貼後，果不其然，造成產品表面傷痕多的機器大大地降低了劃痕現象，達到了造成產品表面傷痕少的機器生產水準狀態。

5. 對好的狀態和不好的狀態，進行錄影比較

生產同樣的產品，有的班組生產狀態好，有的班組生產狀態不好。從而，生產狀態好的時候，產品不合格率低；生產狀態不好的時候，產品不合格率高。這兩者的內部條件和素質水準有什麼不同呢？通過錄影比較，可以從中得到啓發，從而，找出產品不合格率高的真正的原週。下面試舉一例。

有一個工廠分爲 A 班和 B 班生產同樣的產品。爲了搞清楚A、B 兩班的生產狀態究竟如何，每天都作圖表記錄。其中，對產品不合格率高的作業班，劃上個紅圈；對產品不合格率低的作業班，劃上個藍圈。經過一段時間後，把兩者的數據圖表進行比較，看有什麼不同的地方。結果發現劃紅圈的地方總是在A 班處，劃藍圈的地方多數在 B 班處。這兩者的內部條件和素質水準有什麼不同呢？於是，對 A 班和 B 班的作業情況用攝像機拍攝下來。通過錄影比較，發現 A、B 兩班之間存在著微妙的不同。經過驗證，終於弄清楚這不同的地方正是造成產品不合格率存在差異的原因。

6. 注意觀察不易看清的對象物

觀察不易看清的對象物時，一般可以用感官接觸去觀察。例如用手摸，瞭解對象物的振動情況或者溫度如何；用耳聽，瞭解對象物有何異樣聲音；用鼻子聞，瞭解對象物有何異樣氣

味；還可用舌頭品嘗，瞭解對象物的味道有何變化或者不同。其中，最基本的是用眼睛觀察。有些特殊的情況，即使是用肉眼觀察，也無法直接地看清對象物。這種場合，只要開動腦筋，總會有辦法看清楚。這裏，可以憑藉一些技術手段進行觀察。隨著電子技術的高度發達，用於觀察的各種技術手段也越來越豐富。下面談一談採用各種技術手段的觀察方法。

⑴放大法和縮小法

通過放大或者縮小對象物進行觀察。例如，觀察表面傷痕時，可用放大鏡。觀察金屬受損部位的內面狀況時，可用顯微鏡，包括立體顯微鏡、光學掃描顯微鏡、透射電子顯微鏡等。

⑵降速法和加速法

利用攝像機把拍攝下的畫面動作變爲慢速動作或者快速動作放映出來，進行觀察。觀察快速的動作現象時，可採用普通攝像機或者高速攝像機拍攝現象發生時的瞬間或者運行狀態。放像時，可使畫面動作的速度放慢，通過慢動作畫面進行觀察。觀察諸如庫存品增減狀況時，放像的速度正好相反。通過畫面動作的快速進步，便於從庫存全過程中快速搜索對象物。

⑶可視法

觀察完全看不清的對象物可採用的方法有：①鐳射測定法，使用鐳射儀，把穿透鏡頭的鐳射光線折射成片狀光束，用它來測定對象物斷層氣體的流動狀況；②紅外線測定法，使用紅外線儀，非接觸性測定對象物的溫度分佈狀況；③油霧測定法，油經過加熱蒸發後變成油霧，用它來觀察對象物的流動軌跡線；④束流測定法，在對象物的風口處掛上一束棉繫或者一

束布條，從棉繫(布條)的方向上觀察其流體狀況。以上這些方法，是變不可視爲可視的有效方法。

⑷ 變換法

間接觀察對象物的變化狀況。例如，使用壓敏紙，觀察兩種機械裝置的接觸壓力；拍攝分色圖譜，瞭解對象物的溫度分佈狀況。通過這些變換做法，間接地把對象物的原有特性以符號化的形式表現出來，便於觀察其變化狀況。

(四)搜集數據應注意事項

數據的準確可靠十分重要。如果數據不可靠，就會得出錯誤的結論，導致錯誤的措施，這比沒有數據還要糟糕。形成數據最重要的基本觀念就是：數據應該是客觀事物的真實反映。爲了取得準確可靠的數據，應該注意下列事項：

1. 明確搜集數據的目的與整理數據的方法。

2. 取得數據以後，需要加以修正的情況很多。因此，應記錄：何人、何時、從何處、用何方法、用何測量儀錶、記錄何數據、如何處理等。記錄必須保存，而且計算過程也應予以保存，因爲經常存在計算錯誤。

3. 字跡要寫清楚，讓人能看懂，特別是如果把 3、5、8、1 和 7 等數字寫得潦草，容易產生誤解，應予注意。

4. 抽樣與測定工作應該進行標準化，一定要按照標準或規範進行操作。

任何現場都有好的一面與不好的一面，實行品質管制就是要通過數據去客觀地掌握好的方面與不好的方面，以便發揚好

的，克服不好的。有關人員必須認識到這點，而不能只說好的，漏掉不好的，報喜不報憂。

二、學會使用質量分析的圖、表工具

(一)對圖表的認識

身為一個現場管理者，必須隨時掌握現狀，瞭解其部門的運作績效，與制定的目標是否存在差距；再依據現狀，擬訂行之有效的工作改善計劃，做到 P—D—C—A 的管理循環。

然而，如果報表所呈現的是一大堆的文字敘述或繁雜的數據，隨著時間的推移，勢將很難掌握問題的整體概念。如：現場第一季的品質如何？是進步或退步？市場上的顧客投訴與不良率又如何？如果僅憑報表不容易獲得有效的情報，靠圖表的輔助則有其必要了。圖表的運用，可以將繁雜的數據以最簡單的方式表達出來，易看易懂，一目了然。在爭取時間、講求效率的今天，管理者應儘量使用圖表。

根據現場的數據或情報，用點、線、面、體來表示大概情勢及巨細變動在紙上的圖形或表格，稱為圖表。其目的是：

1.方便人的視覺，以獲取更多的情報，並使之能傳遞得更迅速、更易被人瞭解、更快看出情報內容。

2.從一組數據能掌握到更多的情報，而採取必要的對策。

(二)圖表的種類

1.依數據性質

(1)靜態圖表。表示某一時點的數據圖表。如公司主要產品的品種，或不合格項目等。

(2)動態圖表。表示與時間變化過程有關係的圖表。如每天的生產額或不合格百分比，或者是每月銷售額的趨勢。

2.依使用目的

(1)分析用圖表。將過去的數據或現狀作圖表加以分析，從中發現問題點來加以改善。適用於工廠作業分析或研究之用。如推移圖、柏拉圖、控制圖、工程分析圖，等等。

(2)管理用圖表。加上目標或所定管理的處置界限，在進行管理時使用。如年度計劃表。

(3)計劃用圖表。於制訂計劃時使用。如甘特圖(或稱進度表)。

(4)統計用圖表。如直條圖(棒形圖)、折線圖。

(5)計算用圖表。重覆做同一計算時，最好能將此計算做成圖表，如此可節省計算時間，並減少錯誤。如二項概率表。

(6)說明用圖表。用於描述事物的組織與流程等的圖表，其優點為易理解，適合表示複雜的相互關係。如組織圖、過程流程圖。

3.依表現內容

(1)系統圖表，如工廠組織圖。

(2)預定圖表，如品質管理實施計劃表。

(3)記錄圖表，如溫度記錄表。

⑷計算圖表，各種統計表。

⑸統計圖表，如推移圖、散佈圖，等等。

4. 依表示方法（形狀）

有棒形圖、面積圖、扇形圖、折線圖、帶狀圖、進度圖、工程能力圖、Z 形圖，等等。

（三）圖表製作的要領

1. 圖表的必備條件

⑴能把握全體──應一看就能瞭解所有的狀況。

⑵簡單明瞭──繪製力求簡單明瞭。

⑶迅速瞭解──不用任何言辭說明，閱讀者一看就能判斷出來。

⑷正確無誤──不論刻度標示、線的大小或虛實、點的大小都應刻意講究，幫助正確判斷。

⑸浮現對策──最高明的圖表，是能夠從圖上看出解決問題的對策。

2. 圖表製作前考慮事項

⑴製作圖表的目的是什麼？

⑵要收集的資料有那些？

⑶有那些可用的情報數據？

⑷製作圖表及閱讀的對象是誰？

⑸以後用起來是否方便？是否長期可用？

⑹實用性及時效性如何？使用起來是否方便？

⑺是否符合正確、簡潔、清楚的原則？

3.圖表製作應遵守的原則

(1)目的要明確。

(2)掌握的數據特性要固定，前後應一致，注意其正確性、適用性。

(3)管理用圖表，應對何時、何人、何種方法繪製要有明確規定。

(4)計量單位要先確定好，圖上的刻度要合理劃分，使整體具有美觀性及完整性。

(5)不要使用太多的顏色(最好使用三種以下不同的顏色或記號)。

(6)要求標準化。

(7)實用第一，美觀次之。

(8)出現異常，要追查原因並註明。

(9)運用簡潔的詞句，具有畫龍點睛的效果。

(10)佈局與文字字體的搭配要突出，以達到圖表使用的目的。

4.圖表製作注意事項

(1)必須把主題(必要時也將副題)簡單清楚地寫在圖表的上部，並且考慮用能引起注意的寫法。

(2)圖上的座標特性要標示清楚。

(3)分類項目中若出現有數量少的各項目，最好綜合為其他項，放在最末端。

(4)數據的標註、說明等列在圖表空白部份或圖表欄下列。

(5)圖表所表示數值的限度，一般取 3 位數。

（四）圖表製作要領

1.圖的名稱

(1)一幅圖形的內容應在圖名（圖的標題）中很清楚地顯現出來。

(2)圖名若不是置於圖形的上方，便應置於圖形的下方。

(3)如圖名的文字過長，可分兩層書寫，將時間書寫於主要標題之下。

2.圖形的大小

(1)圖形的大小應與紙張大小相適宜。

(2)圖形的長度與寬度應成適當的比例，不宜過於扁平或狹長。

(3)圖形內部各項目的安排不宜擁擠。

(4)圖形的四週應留出充裕的邊緣。

(5)凡用於製版印刷的圖形，其原圖應比複印品大。

3.坐標軸

(1)當將資料繪成線圖時，線上各點是由兩線交叉而得。

(2)橫線為 x 軸，縱線為 y 軸。

(3)兩軸相交的點稱為原點，其在兩軸上的值均為零。

(4)在零右方的 x 軸及上方的 y 軸，其值均為正。

(5)將資料繪成圖形時，指定一軸表示某一變數，另一軸表示另一變數。

(6)一般把自變數設置於 x 軸，因變數設置於 y 軸。

(7)繪任一點的圖形時，量 x 軸上的距離，以 y 軸為起點；量 y 軸上的距離，以 x 軸為起點。

4. 刻度

(1)橫軸刻度不必一定與縱軸刻度相等。

(2)由於不同刻度的利用，圖形可以擴大或縮小。

(3)刻度過分擴大或過分縮小，易使閱讀者發生錯誤印象，因此刻度應合理制定。

(4)一般圖形使用的刻度為算術刻度。

(5)如果圖形需相對變動，則圖中的一軸或兩軸可用對數刻度。

(6)每一軸的刻度與單位均須註明清楚。

5. 零基準

(1)所有的算術刻度，以零為縱軸上的零點應予標出，只有當資料以 100 為基準(或其他點為基準)時例外。

(2)對數刻度不能以零為起點(因零的對數為負無窮大)。

6. 畫線

(1)零線或零基準線，必須比其他邊線為粗。

(2)在圖上組成方格的座標線或指導線，應以較細的線繪成。

(3)座標線或指導線不宜過多，為幫助閱讀所不可缺者才予以畫出。

(4)為方便繪圖，成圖後不必保留的座標線，可用鉛筆或容易擦去的墨水畫出(若須經複印的圖形，可使用不會顯現的淺藍或綠色墨水筆劃出座標線)。

(5)圖形四週應畫出週界線或輪廓線。

(6)圖示線可比其他線條更粗更明顯。

7. 文字的書寫

(1)文字書寫要求整齊。

(2)字體種類不宜過多。

(3)字號不宜過大或過小。

(4)避免使用雕琢過分的文字書寫。

(5)專門書寫人員可以隨手寫出,一般人可用鏤字印版及描摹法書寫。

(6)除縱尺度的左方或右方文字須豎寫外,其餘均一律為橫排書寫。

8. 數字的排列

(1)圖內數字一律用阿拉伯數字由左至右寫。

(2)橫刻度上的數值須自左至右排列,小數在左,大數在右;縱刻度上的數值宜由下而上排列,小數在下,大數在上。

(3)圖上方橫刻度的數值,宜寫在橫尺度之上;圖下方橫刻度的數值,應寫在刻度之下;圖左方縱刻度的數值,宜置於縱刻度的左邊;圖右方縱刻度的數值,宜置於縱刻度的右邊。

(4)橫刻度上的數值不必逐一寫出,免致因排列過密看不清楚。

9. 圖例

(1)圖例是用於說明幾種不同圖示線或分段影線(或不同顏色),應置於圖內空白位置上,如無適當的空白位置,則應置於圖的下方。

(2)圖示線如不過分複雜,可將圖例畫在線的左右或上下,並用箭頭指示。

10. 資料來源

(1)圖內應註明所用資料的出處。

(2)上項附註不宜過分突出。

(3)不宜放置在有礙於圖形的重要部位（通常放置於圖形底部與刻度界線之間）。

（五）常用圖表介紹

1. 甘特圖（又稱進度表、順序表、日程進度表）

表 1-1　品管圈活動進度表

.... 計劃線　　——— 實施線

項　目	1 月				2 月				3 月				職責分配
	1	2	3	4	1	2	3	4	1	2	3	4	
(1)組織小組	■												×××
(2)選定題目	■												全體成員
(3)確定目標	■												×××
(4)原因分析		■											×××
(5)數據分析			■	■									×××
(6)整理統計			■	■									×××
(7)改善對策					■	■							×××
(8)效果確認							■	■					×××
(9)標準化									■	■			×××
(10)成果比較											■		×××
(11)資料整理											■		×××

優點：

(1)計劃內容一目了然。

(2)計劃時，可知道每一週期的工作負擔輕重，從而可作適當的調整，以利按期完成。

(3)計劃與實際進度能作比較。

(4)製作簡單。

缺點：

(1)不知道各作業有無先後順序的關聯。

(2)作業進度延遲時，對工期的影響無法知道。

2.流程圖

(1)使用流程圖的目的：

①易看，可思考並加以整理，對複雜的邏輯步驟較容易把握。

②可正確理解較難把握整體的大問題的全貌。

③易於表現步驟。

④在計劃階段，可正確掌握工作的步驟。

(2)流程圖的製作方法：

①原則上是由左向右，由上而下。當流程的方向與此不符合時，必須使用箭頭來表示流程。

②必須使用經過標準化的記號，使任何人都能瞭解。

3.條形圖

條形圖是以長短表示數值的大小，而將若干等寬長條(柱)平行排列的統計圖。為使全圖得到平衡，給人以明確的印象，繪圖時應注意：

(1)基線、尺寸線要以明線表示。

(2)條形的排列因數據的性質而不同：

①時間數列應按時間的先後順序排列。

②空間數列應按習慣或數列的大小排列。

③屬性數列應按屬性的程度或類別的重要程度排列。

④變數數列應由小排向大。

圖 1-1　從起床到上班流程圖

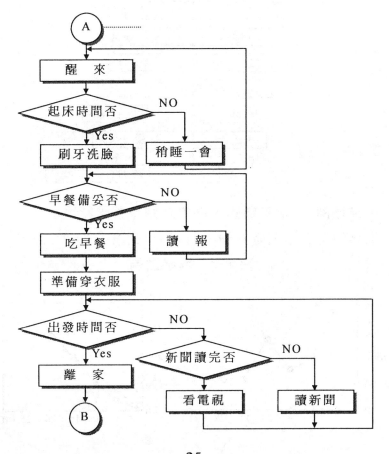

(3)條形的寬度應求一致，其形狀只有長短方面的不同。

(4)各條形間的距離要適當，一般是條形寬度的一半。

橫式條形圖示例：

圖 1-2 各主要車輛製造國家外銷比例條形圖

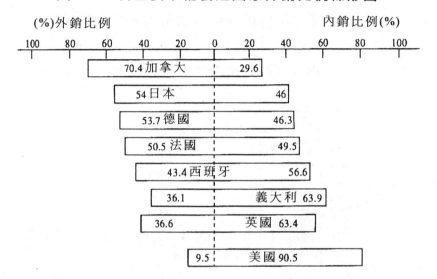

4. 推移圖（又稱趨勢圖、歷史線圖或折線圖）

推移圖是表示因時間變動的圖形（見圖 1-3）。

圖 1-3 推移圖例

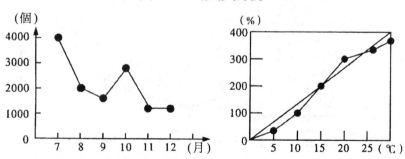

繪製法：

⑴決定週期，收集數據。

⑵計算不合格率或每單位缺點數。

⑶橫軸表示時間，縱軸表示統計事項的數值。

⑷以數據畫點，點與點之間以直線連接。

⑸列入數據期間，及記錄表的標題（目的）。

5.雷達圖

由中心點畫出數條代表分類項目的雷達狀直線，以長度代表數量的大小，稱爲雷達圖，也稱蜘蛛圖。

雷達圖的作用：

⑴可觀察各項間的平衡。

⑵在時間變化上，可掌握項目所佔比例的大小。

⑶可瞭解各項目的目標值的達到程度。

⑷可瞭解各項目與平均的關係。

雷達圖的制法：

⑴先決定評價項目。評價項目到底有幾項，就在圓週上分爲幾等分，再從圓心畫一直線。

⑵劃分每一項目的基準。將直線等分成每一評價項目的分數，比如：10 分則從圓心至圓週的點爲 10，在直線上劃分 10 刻度。

⑶依每一項目得分標到線上。

⑷將各點聯結起來而成。

例：下雨天數雷達圖（見圖 1-4、表 1-2）。

圖 1-4　下雨天數圖

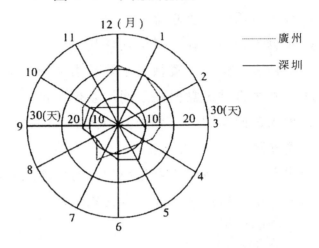

表 1-2　下雨天數統計表

下雨月 天數 地名	1	2	3	4	5	6	7	8	9	10	11	12	月平均 天數
A 市	5.8	6.6	10.0	10.6	11.7	11.7	10.5	9.5	13.0	11.9	8.0	5.3	9.55
B 市	22.0	18.8	16.6	11.8	10.0	10.5	12.5	10.6	13.2	14.0	17.8	23.5	15.11

註：下雨天數是指下雨量在 1mm 以上的天數。

　　由雷達圖可以知道 A 市與 B 市各月下雨天數的不同情形。B 市比 A 市在多雨的各季裏下雨天數較多。

　　例：品質管理活動推移情形（見圖 1-5）。

圖 1-5　品質管理活動雷達圖

———第一年　　·········第二年

6.圓圖（又稱扇形圖）

以圓形中扇形的度數多少表示各個部份所佔比例的圖形稱為扇形圖。繪製方法：

⑴求各項數值佔全體總數的百分比。

⑵將圓圈分為 100 等分，每一等分即為 3.6°。

⑶繪一圖，以時鐘的 12 時起順時針，由大數值至小數值，根據各部份所佔的比例，用量度器在圓週上畫出界限值。

⑷將圓心與圓週上的分界點用直線連接，將圓分成若干個扇形。

⑸各扇形在必要時用不同線紋或顏色予以區別。

⑹將各部份的名稱及百分數，分別填入各扇形內。如扇形過小，名稱及百分數可寫在圓外面，並用箭頭指示。

7.因果圖

排列圖只是羅列出產生問題的因素本身，而沒有研究問題

的發生機制和因果關係或者邏輯性。可是，作爲一個問題，考慮其發生機制和因果關係，有助於理順問題。爲此，可採用因果圖形式整理問題的因果關係。生產中發生的質量問題往往由多種因素造成。而對於發生問題的「結果」，常用某個特性或指標來表示。爲分析特性與因素之間的關係而採用的樹狀圖（或魚刺圖）稱爲因果圖。

　　因果圖是以問題的現象爲中心進行排列的，在現象的四週列出問題的原因，並進而在這一原因的四週再列出問題的其他原因。通過如此反覆地列出問題的原因（即提出「爲什麼」），逐步地揭開問題的因果關係；從而，由此整理出關鍵的原因。當問題的原因一步一步地被揭開時，往往會發出「原來如此」、「竟會如此」之類的感歎。

　　因果圖形象地表示了探討問題的思維過程，利用它分析問題能取得順藤摸瓜、步步深入的效果。即利用因果圖可以首先找出影響質量問題的大原因，然後尋找到大原因背後的中原因，再從中原因找到小原因和更小的原因，最終查明主要的直接原因。這樣有條理地逐層分析，可以清楚地看出「原因一結果」、「手段一目標」間的關係，使問題的脈絡完全顯示出來。因果圖由於形狀像魚刺，所以又叫做魚刺圖，它由特性、原因和枝幹三部分構成。其中特性是指主要的質量問題；原因是指影響主要質量問題的各種因素，一般包括人員、機器、原材料、技術方法、環境和測試手段（5MIE）六個方面。枝幹代表影響特性的各種因素的排列方式。因果圖的一般形式如圖 1-6 所示。

圖 1-6　因果圖的一般表現形式

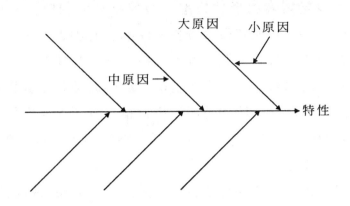

圖 1-7　影印機複印不清晰的因果圖

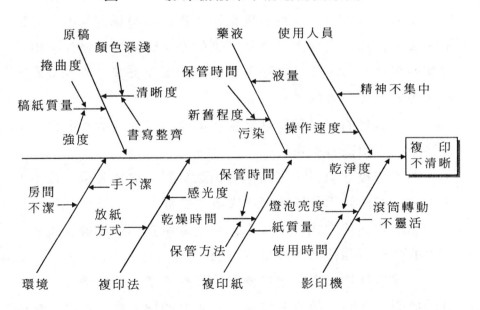

8. 檢查表

　　檢查表是用表格形式來進行數據整理和粗略分析的一種方法。檢查表以數據特徵可分爲：缺陷位置調查表、不合格品分項調查表等。缺陷位置調查表是將所發生的缺陷標記在產品或零件的簡圖的相應位置上，並附以缺陷的種類和數量記錄，因此能直觀地反映缺陷的情況。不合格品分項調查表是將不合格品按其種類、原因、工序、部位或內容等情況進行分類記錄，能簡便、直觀地反映出不合格品的分佈情況。

　　檢查表以工作的種類或目的可分爲：記錄用（或改善用）調查表和點檢用調查表兩種。記錄用調查表主要用於根據收集的數據調查不良項目、不良原因、質量不良分佈、缺點位置等情形。點檢用調查表主要用於確認作業實施、機械整備的實施情形，或者爲預防發生不良事故、確保安全時使用。例如：機械定期保養調查表、產品疵點調查表、裝備調查表、不安全處所調查表等。檢查表的做法，如下：

　　(1)明確目的。必須將把握現狀與使用目的之間相配合，以便將來能提出改善對策。

　　(2)選擇檢查項目。從操作者、原材料、機器設備、技術方法：環境和測試手段等方面考慮收集數據。

　　(3)決定抽檢方式。抽檢方式有全數檢查和抽樣檢查兩種。可根據待檢產品特性選擇檢查方法。

　　(4)確定抽檢方案。包括確定：檢查基準、檢查數量、檢查時間與間隔期間、檢查對象等，並決定抽檢人員及資訊、數據的記錄符號。

(5)檢查表的分析。資訊、數據收集完後，應儘快使用，防止時間太長而使數據的時效性差。在具體分析時，首先要觀察整體數據是否代表某些事實，數據是否集中在某些項目或各項目之間，是否有差異，是否因時間變化而產生變化。另外，也要特別注意週期性變化的特殊情況。在此基礎上，再進行數據分析，分析完成即可利用以下其他工具分析質量問題，並制定改進對策。表 1-3 是印染企業練漂不良品原因調查（表中只列出了部分情況）。

表 1-3　練漂不良品原因調查

模　　號　＼　不良品原因	白度欠佳	毛效欠佳	強　　損	……
A	＋		＋	
B	－	＋	＋	
C		－		
……				
小　　計				

三、製作圖表時應注意事項

1.考慮縱刻度與橫刻度的均衡

請看圖 1-8 與圖 1-9。任一圖均以線圖表示甲公司每月銷貨收入的趨勢。

當看圖 1-8 時，每月的銷貨收入雖有變動，但該變動並不怎麼大。此種程度的變動，讓人覺得不算是普通的圖形。圖 1-9

的情形，完全不同。給人的印象覺得好像變動相當激烈，把相同的數字用線圖表示在同一紙上，用於表示方法之不同，給與看圖的人在感覺上竟然有如此大的差別。

圖 1-8 每月的銷貨收入

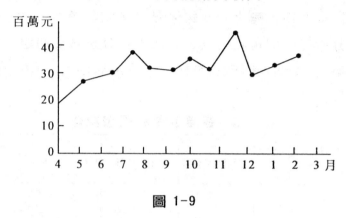

圖 1-9

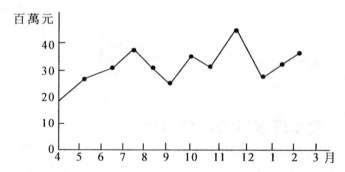

圖 1-8 與圖 1-9 其不同之處，即爲縱與橫的刻度取法不同所致。圖 1-8 是縱的刻度取得很狹，橫的刻度取得很寬，相反地，圖 1-9 是縱的刻度取得很寬，橫的刻度取得很狹，祇是如此的不同而已。即使是以往曾作過圖表的人，想來或許也曾碰過此種情形吧！製作圖表時，惟恐會出現如此的不同，所以必須

決定縱與橫的刻度。對於縱與橫的刻度雖沒有理論上的比率，但為了不給與看圖的人有極端的印象，而且，祇要縱與橫的均衡能使自己公司的實情與圖形的線相吻合時即可。

2. 必須要畫零線

圖 1-10　甲公司生產數量

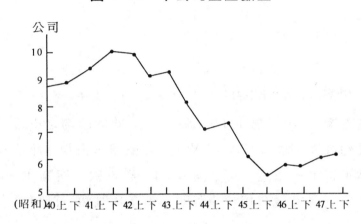

圖 1-11

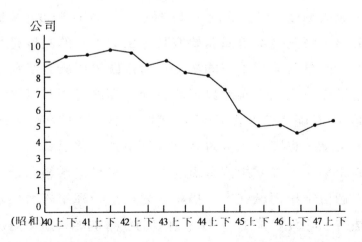

圖 1-12

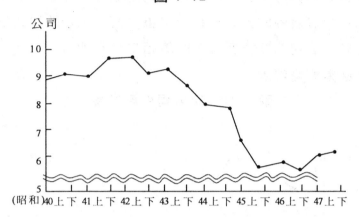

公司

(昭和)40上下 41上下 42上下 43上下 44上下 45上下 46上下 47上下

　　請看圖 1-10、圖 1-11、圖 1-12。此兩圖均是甲公司生產量的趨勢圖表。當看圖 1-10 時，生產量接近底邊，此給看圖的人有種不得了的印象。可是圖 1-11，雖然數字與圖 1-10 完全相同，但到底邊還有相當的距離，生產量雖然下降但給人有種寬裕的印象。

　　此二種圖表的不同，是刻度的差異所致。圖 1-10 是從 5萬噸之處取刻度，相對的圖 1-11 是從零之處取刻度。像折線圖形的情形，將刻度從零處開始取時，由於下方的刻度完全可以不使用，而祇有使用上方的刻度，所以圖表用紙是浪費了。由於生產量沒有出現 5 萬噸以下的時期，那麼是否可以從 5 萬噸之處取刻度呢？若以為理所當然時，所畫出來的圖即為圖 1-10。可是，實際作圖來看時，還是不妙。總是給人有種違反事實的印象。所以零線還是需要的。如果是從零線開始，圖形的下方過份空出而祇在上方描繪，覺得是一種不經濟用紙的使用方法時，可像圖 1-12 一樣，刻度仍從零開始，途中用波形的

二條曲線畫出即可。如此一來，可以有效使用圖形用紙，而且不會有像圖 1-10 一樣的印象。

3.不同單位的項目不畫在同一圖表上

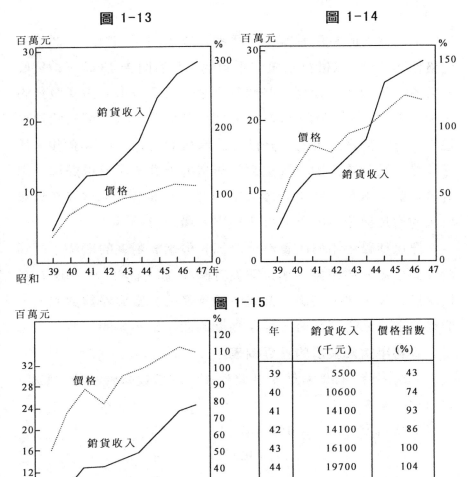

圖 1-13

圖 1-14

圖 1-15

年	銷貨收入 (千元)	價格指數 (%)
39	5500	43
40	10600	74
41	14100	93
42	14100	86
43	16100	100
44	19700	104
45	24500	112
46	26800	118
47	28000	116

製作圖表時，把銷貨收入的**趨勢**與價格的**趨勢**用同一圖表來表示，可以更明白銷貨收入受價格的影響多少，而且也很方便，所以有將此兩項目一齊表示在圖形者。請看圖 1-13、圖 1-14、圖 1-15。

這三個圖的左側刻度均取為銷貨收入，右側把日本 43 年的價格作為 100，以價格指數取為刻度。當看圖 1-13 時，銷貨收入與價格指數逐年分開，好像覺得銷貨收入是由於銷貨數量的增加而非價格。相對的，圖 1-14 開始時銷貨收入與價格的遷移幾乎平行，銷貨收入的上升是由於價格的上升，45 年以後，情形改變，銷貨收入的上升更超過價格的上升，又覺得好像是由於銷貨數量增加才使銷貨收入增加。圖 1-15 令人相信好像銷貨收入的增加與價格的上升完全同出一轍。

像這樣雖用相同的資料來畫圖，但由於刻度的取法不同而給人完全不同的印象，所以要注意圖 1-13、圖 1-14、圖 1-15以圖形來說，決非錯誤，然這些是不佳的。當想看銷貨收入、價格與數量三者關係時，算術刻度的圖形是不佳的。

6.利用指數表示的歷程圖表

畫圖表時，有以基準年度做為 100 的指數來表示的。譬如，以銷貨收入來說：

基準年度	1964 年	55
	1965 年	106
	1966 年	141
	1967 年	141
	1968 年	161

　　當把 1964 年度當做 100 時，1965 年、1966 年、1967 年分別成爲 193、256、252。正好像物價指數一樣，對於基準年度而言各年度成爲多少，可用圖形加以說明。

　　下圖是把銷貨收入與價格用指數來表示，並且有把基準年度取爲 1964 年度與 1968 年度的二種表示情形。基準年度取爲 1964 年度，其銷貨收入與價格的指數逐年分開。

圖 1-16

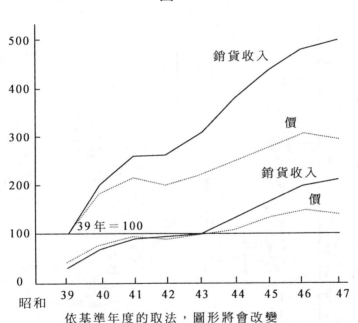

依基準年度的取法，圖形將會改變

　　可是，基準年度取成 1968 年度時，從 1964 年到 1966 年價格指數較高。1967 年反轉，從 1968 年以後銷貨收入的上升較價格的上昇率更爲增加。

像這樣，以指數表示時，由於基準年度的取法，形狀會改變，此事要加注意。

7.察看比率時要用半對數刻度圖表

所謂半對數圖表，如下圖。橫軸取為算術刻度而縱軸取為對數刻度。

圖 1-17　半對數刻度圖表

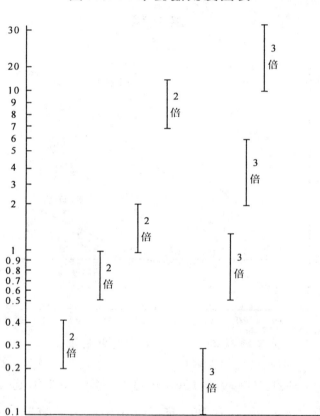

　　所謂對數圖表是，橫軸與縱軸均取爲對數刻度的圖表，而半對數刻度因爲橫軸取爲算術刻度所以稱爲半對數圖表。半對數刻度的縱軸（在次頁的圖裏）是從 0.1 開始，而 0.1 到 1 之間並非等間隔，差距逐漸縮小，到了 1 時單位變成了 2、3，到了 10 單位又變成了 20、30。因此，像銷貨收入趨勢逐漸呈現成長者，在算術圖表裏，圖形會變得很長，而使用半對數時，在一張圖表上要表示 20 年左右的趨勢也很容易，所以非常方便。此圖形的特色想必已經發覺，即若是倍率相同，則不管是那一單位其長均相同。0.1～1，1～10，10～100 每一者之倍率均爲 10 倍，故有相同之長。對於 0.2～04，0.5～1，1～2，6～12 之任一者均爲 2 倍的情形在圖表上其長均爲相同，又對於 0.1～0.3，0.5～1.5，2～6，10～30 之任一者均爲 3 倍之情形，在圖表裡其長亦均爲相同。圖表由於有如此之特色，如果比相同，即爲等間隔，故可表示成直線。

8. 線的斜率

　　請看圖 1-18、圖 1-19。兩圖均是表示 A 公司與 B 公司的銷貨收入之趨勢。

　　當看圖 1-18 時，A 公司是急速成長公司，B 公司比 A 公司看起來成長較低。

　　可是，此以半對數刻度來描繪時，即如圖 1-19，A 公司與 B 公司的成長率完全相同。在看差的圖表與看比的圖表裏，由於線的斜率而出現了差別。

　　半對數刻度圖表的看法如下：

　　(1)線與橫軸平行時，數量上不增減；

圖 1-18　　　　　　　圖 1-19

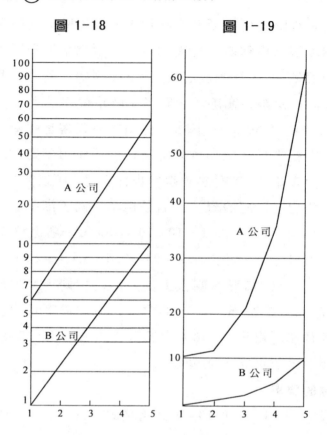

(2)線向上成一直線進行時，數量以一定比率增加；

(3)線全體言之雖是向上但向上之方式呈現減少時，雖數量增加，增加率仍減少；

(4)總是向上而且急速向上時，增加率增大；

(5)線向下成一直線進行時，數量以一定比率減少；

(6)線全體言之雖是向下但向下之方式呈現減少時，數量不但減少而且減少率也減少；

(7)線是向下而且急速向下時，減少率增大；

(8)比較此二線時，平行者增減率相等，呈急速傾斜之線較緩慢傾斜之線，其增減率大。

9.半對數刻度圖表的特色

對於半對數刻度圖表而言，其與算術刻度不同，有很多之特色。今舉其特色如下：

⑴不要零線

半對數刻度的縱軸，因為是像 1～10～100～1000 一樣進行下去，故即使有甚大之數量差距，在一張圖表上仍可輕易繪畫出來。

而且沒有零線，也沒有此必要。祇是在半對數刻度圖表上，由於沒有零線，故當數字成為負時即無法繪畫。

⑵不同單位的資料也可以繪畫

半對數刻度可以把銷貨收入、價格與數量等不同單位的資料繪畫。

用算術刻度所表示之不同單位的資料，與利用指數表示之歷程圖表，用半對數刻匣繪畫成圖 1-20。

把不同單位之銷貨收入，與以 43 年度為 100 之價格指數的關係，用半對數刻度即可以用一種圖形表示，因此，可以確知其關係。

⑶乘除能夠在圖上計算

又在半對數刻度的圖形上，能把乘算與除算用加算與減算在圖上進行。圖 1-21 說明此種情形。銷貨收入(a)是價格(b)乘上數量(c)，銷貨數量(c)是銷貨收入(a)除價格(b)，此在半

對數刻度上，銷貨收入(a)變成價格(b)數量(c)，數量(c)能以(a)減去(b)來表示所以非常方便。

圖 1-20

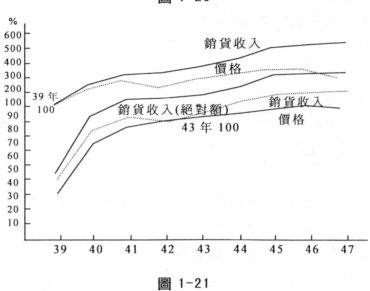

圖 1-21

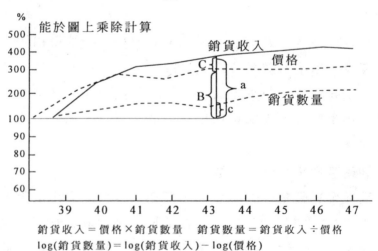

銷貨收入＝價格×銷貨數量　銷貨數量＝銷貨收入÷價格
log(銷貨數量)＝log(銷貨收入)－log(價格)

四、學會運用質量過程控制

(一)質量過程控制方法簡介

質量過程控制是貫徹預防原則，控制和提高產品質量的關鍵。它通過對生產過程進行即時監控，科學的區分出生產過程中產品質量的隨機波動與異常波動，從而對生產過程的異常趨勢提出預警，以便生產管理人員及時採取措施，消除異常，恢復過程的穩定，從而達到提高和控制質量的目的。

在生產過程中，產品的加工質量的波動是不可避免的，它是由人、機器、材料、方法和環境等基本因素的波動影響所致。波動分為兩種：正常波動和異常波動。正常波動是偶然性原因(不可避免因素)造成的。它對產品質量影響較小，在技術上難以消除，也不值得消除。

異常波動是由系統原因(異常因素)造成的。它對產品質量影響很大，但能夠採取措施避免和消除。過程控制的目的就是消除、避免異常波動，使過程處於正常波動狀態。

目前，並於質量過程管理方面的統計方法大致分為以下三類。

統計過程控制(Statistical Process Control，簡稱SPC)，是 20 世紀 20 年代由美國的休哈特首創。SPC 是利用統計技術對過程中的各個階段進行監控，發現過程異常，及時告警，從而達到保證產品質量的目的。這裏的統計技術泛指任何可以應用的數理統計方法，而以控制圖理論為主。但 SPC 有其

歷史局限性，它不能告知此異常是什麼因素引起的，發生於何處，即不能進行生產過程診斷，而這一點恰好是現場所迫切需要的，否則即使要想糾正異常，也無從下手。

統計過程診斷(Statistical Process Diagnosis，簡稱 SPD)，是 20 世紀 80 年代首次提出的。1980 年提出選控控制圖系列。選控圖是統計診斷理論的重要工具，奠定了統計診斷理論的基礎。1982 年提出了「兩種質量診斷理論」，突破了傳統的休哈特質量控制理論，開闢了質量診斷的新航向。此後，提出「多元逐步診斷理論」和「兩種質量多元診斷理論」，解決了多工序、多指標系統的質量控制與質量診斷問題。從此，SPC 上升為 SPD。SPD 是利用統計技術對過程中的各個階段進行監控與診斷，從而達到縮短診斷異常的時間，以便迅速採取糾正措施、減少損失、降低成本、保證產品質量的目的。

統計過程調整(Statistical Process AdJustment，簡稱 SPA)是 SPC 發展的第三個階段。SPA 可判斷出異常，告之異常發生在何處，因何而起，同時還給出調整方案或進行自動調整。但是，SPA 從 1990 年提出，目前尚無實用性成果，正在發展中。

(二)統計過程控制的應用

1.何謂統計過程控制圖

統計過程控制(SPC)主要運用控制圖對生產過程進行分析評價，因此又叫控制圖法，它的基本原理是：根據控制圖中的反饋資訊及時發現系統性因素出現的徵兆，並採取措施消除其影響，使過程維持在僅受隨機性因素影響的受控狀態，以達到

控制質量的目的。

　　控制圖上有中心線(CL)、上控制界限(UCL)和下控制界限(LCL)，並有按時間順序抽取的樣本統計量數值的描點序列，其一般形式如圖 1-22 所示。

圖 1-22　　控制圖一般形式

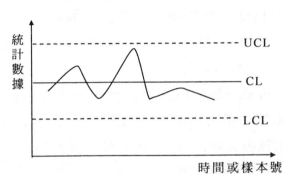

　　當過程僅受隨機因素影響時，過程處於統計控制狀態(簡稱受控狀態)；當過程中存在系統因素的影響時，過程處於統計失控狀態(簡稱失控狀態)。由於過程波動具有統計規律性，當過程受控時，過程特性一般服從穩定的隨機分佈；而失控時，過程分佈將發生改變。SPC 正是利用過程波動的統計規律性對過程進行分析控制的。因而，它強調過程在受控和有能力的狀態下運行，從而使產品和服務穩定地滿足顧客的要求。

　　SPC 的特點：一是全系統、全過程、全員參加，這與全面品質管制的精神完全一致；二是強調用科學的方法(主要是數理統計技術，尤其是控制圖理論)來預防生產全過程；三是不僅用於生產過程，而且可用於服務過程和一切管理過程。

　　SPC 的上述特點與 2000 版 ISO 9000 要求的三個強調——強

調「把一切看成過程」；強調「預防」；強調「統計技術的應用是不可剪裁的」是一致的。因此，企業各級主管及質量專業人士應該明確：SPC 是推行 ISO 9000 的基礎。

2. 控制圖的種類和用途

統計過程控制應用的關鍵是控制圖，按照統計數據特徵，可將控制圖分為計量控制圖和計數控制圖兩大類，共八種形式。計量控制圖有四種形式，分別是：均值一極差控制圖（Xbar-R）、均值—標準差控制圖（Xbar-Rs）、中位數一極差控制圖（Xmed-R）、單值一移動極差控制圖（x-Rs）；計數控制圖有四種形式，分別是：不合格品率控制圖（P）、不合格品數控製圖（Pn）、缺陷數控製圖（C）、單位缺陷數控製圖（U）。以下對這八種圖形的用途做一簡單介紹：

(1) Xbar-R 控制圖是最常用的基本控制圖。它適用於各種計量值。Xbar 控制圖主要用於觀察分佈的均值變化；R 控制圖用於觀察分佈的分散情況或變異度的變化，而 Xbar-R 控制圖則將兩者聯合運用，以觀察分佈的變化。

(2) Xbar-Rs 控制圖與 Xbar-R 控制圖相似，只是用標準差圖（S 圖）代替極差圖（R 圖）。由於極差計算簡便，因此 R 圖得到廣泛應用，但當樣本容量較大時，應用極差估計總體標準差的效率降低，需要用 s 圖來代替 R 圖。

(3) Xmed-R 控制圖與 Xbar-R 控制圖相比，只是用中位數代替均值圖。由於中位數的計算比均值簡單，所以多用於需要在現場把測定數據直接記入控制圖的場合。

(4) x-Rs 控制圖多用於：對每一個產品都進行檢驗，採用

自動化檢查和測量的場合；取樣費時、檢驗昂貴的場合；樣品均勻，多抽樣也無太大意義的場合。由於它不像前三種控制圖那樣能取得較多的資訊，所以它判斷過程的靈敏度要差一些。

(5) P 控制圖用於控制對象為不合格品率或合格品率等計數值質量指標的場合。應注意的是，在根據多種檢查項目綜合評定不合格品率的情況，當控制圖顯示異常時，難以找出異常的原因。因此，使用 P 控制圖時應選擇重要的檢查項目作為判斷不合格品的依據。常見的不良率有不合格品率、廢品率、交貨延遲率、各種差錯率等。

(6) Pn 控制圖用於控制對象為不合格品數的場合。假設 72 為樣本大小，P 為不合格品率，Pn 作為不合格品數控製圖的簡記記號，由於計算不合格品率需要進行除法，比較麻煩，所以在樣品大小相同的情況下，用此圖比較方便。

(7) C 控制圖用於控制一部機器、一個部件、一定長度、一定面積或任何一定的單位中（即樣本大小不變）所出現的缺陷數目，例如布匹上的疵點數、鑄件上的砂眼數、機器設備的缺陷數或故障次數等。

(8) U 控制圖。當樣本大小變化時，不宜用 C 控制圖，需換算為平均每單位的缺陷數後再使用 U 控制圖。

3. 運用控制圖應考慮的問題

(1)控制圖用於何處？從原則上講，對於任何過程，凡需要對質量進行控制管理的場合都可以應用控制圖。但還應注意區分計數值和計量值，另外，所控制的過程必須具有重覆性，即具有統計規律，對於一次性或少數幾次的過程顯然難以應用控

制圖進行控制。

(2)如何選擇控制對象？在使用控制圖時應選擇能代表過程的主要質量指標作為控制對象。一個過程往往具有各種各樣的特性，需要選擇能夠真正代表過程情況的指標。例如內圓磨工序，應選擇內徑尺寸偏差及變動量進行控制。

(3)怎樣選擇控制圖？首先，應根據所控制質量指標的數據性質選擇採用計數或計量值控制圖中的一種。其次，要確定過程中要控制的因素是單指標還是多指標，選擇用一元控制圖還是用多指標控制圖。最後，還需要考慮其他要求，例如檢出力大小、抽取樣品、取得數據的難易程度等。

(4)如何分析控制圖？如果控制圖點子出界或界內點子排列非隨機，則應認為生產過程失控。但在判斷過程失控前，應首先檢查樣品的取法是否隨機、數據的讀取是否正確、計算有無錯誤、描點有無差錯，然後再來調查生產過程方面的原因。

(5)對於點子出界或違反其他判斷判定準則的處理，應執行「查出異因、採取措施、保證消除、不再出現、納入標準」的20字原則，立即追查原因，並採取措施防止它再次出現。否則，就不如不搞控制圖。

(6)一般來說，控制圖只能告警，而不能告訴引起異常的原因。要找出造成異常的原因，除根據生產和管理方面的技術與經驗來解決外，應用「兩種質量診斷理論」和「兩種質量多元診斷理論」來診斷是十分有效的。

(7)控制圖的重新制定十分重要。控制圖是根據穩定狀態下的條件(人員、設備、原材料、技術方法、環境，即 4M1E)來制

定的。上述條件一旦發生變化，控制圖也必須重新加以制定。另外，控制圖在使用一段時間後，應重新抽取數據，進行計算，加以檢驗。

(8)控制圖應加以妥善保管。控制圖的計算及日常的記錄都應作爲技術資料加以妥善保管。對於點子出界或者界內點子排列非隨機以及當時處理的情況都應予以記錄，因爲這些都是以後出現異常查找原因的重要參考資料。有了長期保存的記錄，便能對該過程的質量水準有清楚的瞭解，這對於今後在產品設計和制定規格方面是十分有用的。

(三)統計過程控制 SPC

實施 SPC 可分爲兩個階段：一是分析階段，二是監控階段。

分析階段所使用的控制圖稱爲分析用控制圖，主要目的在於使過程處於受控狀態，並保證過程能力充足。分析階段首先要進行的工作是生產準備，即把生產過程所需的原料、生產力、設備、測量系統等按照標準要求進行準備。生產準備完成後就可以進行，注意一定要確保生產是在影響生產的各要素無異常的情況下進行；然後就可以用生產過程收集的數據計算控制界限，做出分析用控制圖、直方圖，或者進行過程能力分析，檢驗生產過程是否處於統計穩態，以及過程能力是否足夠。如果任何一個不能滿足，則必須尋找原因，進行改進，並重新準備生產及分析。直到達到了分析階段的兩個目的，分析階段才可以宣告結束，進入 SPC 監控階段。

監控階段所使用的控制圖稱爲控制用控制圖，主要工作是

使用控制用控制圖進行監控。此時控制圖的控制界限已經根據分析階段的結果而確定，生產過程的數據及時繪製到控制圖上，並密切觀察控制圖，控制圖中點的波動情況可以顯示出過程受控或失控，如果發現失控，必須尋找原因並儘快消除其影響。監控可以充分體現出 SPC 預防控制的作用。

企業實際實施 SPC 的具體流程如下：

1.識別關鍵過程

一個產品品質的形成需要許多過程（工序），其中有一些過程對產品品質好壞起至關重要的作用，這樣的過程稱為關鍵過程，SPC 控制圖應首先用於關鍵過程，而不是所有的工序。因此，實施 SPC，首先是識別出關鍵過程。

2.確定過程關鍵變數（特性）

對關鍵過程進行分析（可採用因果圖、排列圖等），找出對產品質量影響最大的變數（特性）。

3.制定過程控制計劃和規格標準

這一步往往是最困難和費時的，可採用一些實驗方法參考有關標準。

4.過程數據的收集、整理

5.過程受控狀態初始分析

採用分析用控制圖，分析過程是否受控和穩定，如果發現失控或有變差的特殊原因，應採取措施。

6.過程能力分析

只有在過程是受控、穩定的情況下，才有必要分析過程能力，當發現過程能力不足時，應採取措施。

7. 控制圖監控

只有在過程是受控、穩定的，過程能力足夠的情況下，才能採用監控用控制圖，進入 SPC 實施階段。

8. 監控、診斷、改進

在監控過程中，當發現有異常時，應及時分析原因，採取措施，使過程恢復正常。對於受控和穩定的過程，也要不斷改進，減小變差的普通原因，提高質量降低成本。

心得欄

第 *2* 章

品質管制手法的教育

　　品質管制手法須親自針對問題，實際應用才能深切體會其意義與效用。

　　這些手法當然不能等待機會才試用，應主動的針對適當的對象加以教育訓練導入，才能促進這些手法的活用，擴大其效果。

　　品質管制手法與其他手法一樣，須親自針對問題，實際應用才能深切體會其意義與效用。

　　這些手法當然不能等待機會才試用，應主動的針對適當的對象加以教育訓練導入，才能促進這些手法的活用，擴大其效果。

一、品質管制手法的教育

1.教育方法

　　如何有效地在廠內推行呢？公司內要日常推行等業務須要參考注意的要點如下：

　　⑴全部日程如表 2-1 所示，每月 1 天，連續 9 個月約 10 天。

　　演練：以上午所學的各種手法為題，由各小組演練、研究、發表。

　　習題：當天所學之手法，以自己公司適用問題試行，下個月提出報告。

　　廠內實例研究：各研究員就自己公司所擔任部門的問題提出研究，研究期間陸繼提出解決，期間曾作中間發表，最後提出最終報告。

　　專題研討座談會：在研究會著此書作最後結束時，也曾公開的讓研究會員以外的人參加，並作實例發表。

表 2-1　課程（實例）

	上　午	下　午	備　　註
	手法的講解	習題研究	
第 1 日	QC 手法 的系統圖法	系統圖法演練、研究方法說明（廠內實例研究，習題）	習題① 系統圖法
第 2 日	關連圖法	關連圖法演習	習題② 關連圖法廠內實例研究題目
第 3 日	PDPC 法	PDPC 法演練，廠內實例研究指導	習題③ PDPC 法
第 4 日	矩陣圖法	習題代表例的介紹討論，廠內實例研究中間發表①	習題④ 矩陣圖法習題
第 5 日	矩陣數據解析法、方針管理的推進方法	廠內實例研究中間發表②	⑤方針管理
第 6 日	KJ 法	KJ 法演習	夜宿研習
第 7 日	箭頭圖法	箭頭圖法演練 廠內實例研究指導	習題⑥ 箭頭圖法
第 8 日	廠內實例研究發表會，綜合質疑研究座談會		
第 9 日	座談會 ①QC 手法說明 ②活用實例發表、討論 ③專題演講		座談會是研究會會員或其他人員均可參加

(2)全部日程與每次時間劃分，配置如表 2-2 所示。

表 2-2　時間分配實例

時　　間	科　　目	資料編號	講師
9：30～11：00	矩陣圖法		
11：10～12：15	習題代表例——介紹與討論——休息		
13：15～16：35	廠內實例研究——中間發表		
	原則每人 25 分（發表：10 分，討論：15 分）		
16：45～17：30	廠內實例研究——綜合討論		

2. 運營方法

(1)研究場所：人數以 30～50 人為宜，可使用公司外之會場，KJ 法需有外宿一夜的考慮，演練時，可分數個小組，在小房間內十分融洽的進行，場地需與外部隔紹，要求清靜為佳。

(2)研究時必備的器材：一般必備下列用品：

①模造紙。

②KJ 卡片。

③簽字筆。

④奇異筆（細、粗、不同顏色）

⑤投影機。

(3)研究時注意事項：研究時隔絕外部連絡，為增進相互之親切感可於適當時機，製造融洽熱鬧的氣氛。

(4)講師：可選自廠內有經驗者擔任，或由外部聘請前來講授、指導，全期至少請幾次外部講師來較為有益，演練時亦需有數名指導者巡迴指導。

其他：也可參考其他具有創意性的教育訓練方法，使以上所述之教育方法與之揉合。

二、公司導入的案例

(一)某公司 QC 手法的普及

某公司 QC 手法在公司內推展此活動之實例如下：

1.推派幕僚人員參加外界講習

由總公司 QC 部門將外界講習簡章分送各工廠 QC 部門，視需要程度自行判斷是否需要派員參加，必要時由工廠直接申請參加，參加者多為 QC 幕僚人員。

2.公司內研究會的實施

由總公司 QC 部門為幹事，召集有志之士成立研究會，由各工廠年青之 QC 人員參加，首先學習新 QC 手法之講解及演練，而後實際活用於各工廠，成效良好，以下介紹其推展方式：

⑴第一次研究會

①QC 手法總論——聘請外界講師或高階人員到場致勉勵之詞。

②講解與演練——關連圖法及 PDPC 法之執行。

③習題：規定下回各自提出研究實例報告。

⑵第二次研究會

①講解與演練——系統圖法與矩陣圖法

②實例發表——公司內外實例介紹

③習題——下回提出實例報告。

⑶**第三次研究會**

①實例研究發表檢討會一第一次、第二次的習題發表之手法質疑討論。

②各工廠活用狀況報告。

⑷**第 4 次以後**

講解、演練、實例研究發表適度計劃分配即可。

由上述經驗，提出下列之建議：

①1 個手法講解及演習要一天。

②演練時間及發表時間要半天。

③外界講師要比內部講師效果來得好。

④演練題目要切身之共同問題較好。

⑤演練時由 4～5 人編成 1 小組進行之。

⑥演練非針對特定人員的表現，必須要求全體人員之融會貫通。

⑦研究期間以 2～3 個月爲宜。

3.**其他活動**

①品質月舉行時，舉辦新 QC 手法演講會。

②透過公司內技術情報，傳遞體系，介紹廠內全廠內活動成果概要。

(二)某工廠導入實例

1.**概要**

某工廠以品質管理爲方針管理的中心，方針管理之問題點有好幾個，特別是 TOP 方針之展開事項中，爲何絞盡腦汁無法

確定重點？展開項目如何防止遺漏？這些問題均可利用「關連圖法」,「系統圖法」加以解決,而日程管理則可利用「箭頭圖法」安排,實施項目中各事象之關係則可活用「矩陣圖法」來解決。

比較複雜的業務及不確定之事象則以「PDPC」法研究效果顯著,也就是說利用關連圖法、系統圖法、箭頭圖法來進行方針管理,技術開發問題則以 PDPC 法書寫,利用月份技術會報修正之。

2.導入要點

正確的導入可獲得許多優點,下述為導入要點:

(1) TOP 對手法深入瞭解:B 工廠之 TOP 將自己之方針提出並提出手法活用意見,對部下進行指導。

(2)方針展開為主體,結合手法圓滑普及使用。

(3)定期研究會上,全員對手法之關心。

導入之順序並非一成不變的,導入時要反覆靈活顧用,導入時實施事項:

(1)公司內導入之研究

①月份 CWQC 研究會實例發表之實施,課股長將現場問題解決之過程提出報告、討論,會後再檢討,檢討會對研究會提出質詢並加以改善,檢討會之對象為股長級以上。

②小組為單位的研究會實施,關連圖法、PDPC 法、均以小組(4~5 人)為單位,以具體業務為中心研究,對象為幕僚人員。

(2)外部研究

公司外研究績效的發揮,願以參加課長、股長及幕僚為對

象的研習活動，參加：

　　①主辦「QC 手法座談會」

　　②主辦「多變數分析講座」

　　③主辦「QC 手法研究會」

心得欄

_____

_____

_____

_____

_____

_____

第 *3* 章

有效運用特性要因圖法

　　特性要因圖主要用於分析品質特性與影響品質特性的可能原因之間的因果關係，通過把握現狀、分析原因、尋找措施來促進問題的解決。是一種用於分析品質特性（結果）與可能影響特性的因素（原因）的一種工具。由於它形狀像一尾魚的骨架而得名，又叫魚骨圖。

　　在現場管理中，導致過程或產品問題的原因可能很多，如果對這些因素進行全面系統地分析，可以找出其因果關係。

一、特性要因圖法的基本定義

我們知道，任何問題的發生，必然有其內在或外在原因，而這些原因的存在，又必定會產生變異的結果，也就是說，原因與結果之間一定存在因果關係。在現場管理中，導致過程或產品問題的原因可能很多，如果對這些因素進行全面系統地分析，可以找出其因果關係。

所謂因果圖，又稱特性要因圖，主要用於分析品質特性與影響品質特性的可能原因之間的因果關係，通過把握現狀、分析原因、尋找措施來促進問題的解決。是一種用於分析品質特性（結果）與可能影響特性的因素（原因）的一種工具。由於它形狀像一尾魚的骨架而得名，又叫魚骨圖，如下圖所示。

圖 3-1

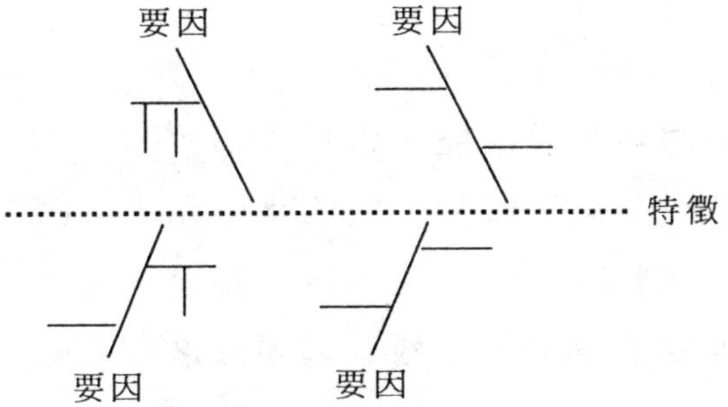

1953 年，日本東京大學石川教授和他的助手在研究活動中用這種方法分析影響品質問題的因素，第一次提出了因果圖，所以又稱石川圖。由於因果圖非常實用有效，在日本企業得到

了廣泛的應用，後被世界上許多國家採用。因果圖不僅用在解決產品品質問題方面，在其他領域也得到廣泛的應用。

二、特性要因圖法的應用技巧

在工作方法上，如果我們將影響產品或服務品質的諸多原因一一找出，形成因果對應關係，使人一目了然，這對我們的管理是大有幫助的，而且通過因果圖的製作，易培養團隊精神，使因果圖小組成為一個集體工作的催化劑。

運用因果圖可以使我們的工作更系統化、條理化、科學化。由於因果圖是針對某一個問題的主要因素繪製的，長時間累積的許多同類問題的因果分析圖，可以進行對比，找出規律，有利於全面品質管理(TQM)的改進，因果圖提出的各種原因又可以反饋到實際工作中去驗證，進一步促使加強管理工作和技術工作標準化。

因果圖的的應用技巧：

1.確定原因時集思廣益，以免疏漏

必須確定對結果影響較大的因素。如果某因素在討論時沒有考慮到，在繪圖時當然不會出現在圖上。因此，繪圖前必須讓有關人員都參加討論，這樣，因果圖才會完整，有關因素才不會疏漏。

2.確定原因盡可能具體

品質特性如果很抽象，分析出的原因只能是一個大概。儘管這種圖的因果關係從邏輯上雖說沒有什麼錯誤，但對解決問

題用處不大。

3. 有多少品質特性，就要繪製多少張因果圖

如同一批產品的長度和重量都存在問題，必須用兩張因果圖分別分析長度波動的原因和重量波動的原因。若許多因素只用一張因果圖來分析，勢必使因果圖大而複雜，無法管理，問題解決起來也很困難，無法對症下藥。

4. 驗證

如果分析出的原因不能採取措施，說明問題還沒有得到解決。要想改進有效果，原因必須要細分，直到能採取措施為止。不能採取措施的因果圖只能算練習。要注意實現「重要的因素不要遺漏」和「不重要的因素不要繪製」兩方面要求。

5. 在數據的基礎上客觀地評價每個因素的重要性

每個人要根據自己的技能和經驗來評價各因素，這一點很重要，但不能僅憑主觀意識或印象來評議各因素的重要程度。用數據來客觀評價因素的重要性比較科學又符合邏輯。

6. 因果圖使用時要不斷加以改進

品質改進時，利用因果圖可以幫助我們弄清楚因果圖中那些因素需要檢查。同時，隨著我們對客觀的因果關係認識的深化，必然導致因果圖發生變化，例如：有些需要刪減或修改，有些需要增加，要改進因果圖，得到真正有用的因果圖，這對解決問題非常有用。

因果圖分為追求原因型和追求對策型兩種。

⑴追求原因型

在於追求問題的原因，並尋找其影響，以因果圖表示結果

（特性）與原因（要因）間的關係，如：

- 生產效率爲什麼這麼低？
- 爲什麼這段時間經常延遲交貨？
- 爲什麼人員流動率居高不下？
- 爲什麼客戶投訴這麼多？
- 不良率爲何降不下來？
- 爲什麼尺寸變異增加？
- 爲什麼入住率下降？

下圖是一個「追求原因型」的因果圖示例，請參考。

圖 3-2

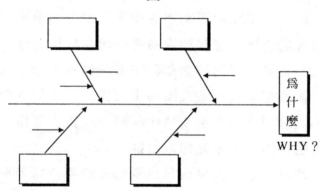

⑵**追求對策型（魚骨圖反轉）**

追求問題點如何防止、目標如何達成，並以因果圖表示期望效果與對策的關係，如：

- 如何提高生產效率？
- 如何提升自身的能力？
- 如何防止不良品發生？

・如何降低生產成本？

下圖是一個「追求對策型」的因果圖示例。

圖 3-3

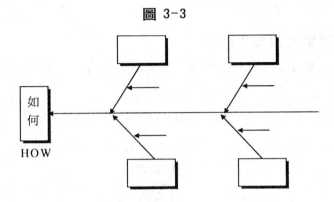

三、特性要因圖的應用

特性要因圖的應用不止可以發掘原因，還可根據此整理問題，找出最重要的問題點，並依循原因找出解決問題的方法。特性要因圖的用途極廣，在管理工程、事務處理上都可使用。其用途可依目的分類：

1.改善分析用。

2.制定標準用。

3.管理用。

4.品質管理方法導入及培訓用。

5.配合其他手法活用，更能得到效果，如：查檢表、柏拉圖等。

四、特性要因圖的製作流程

1.因果圖的製作流程

(1)成立魚骨圖分析小組，3～6個人為佳，最好是各部門的代表。

(2)確定問題：為什麼齒輪的尺寸變異增加？

(3)畫出幹線主骨、中骨、小骨及確定重大原因

圖 3-4

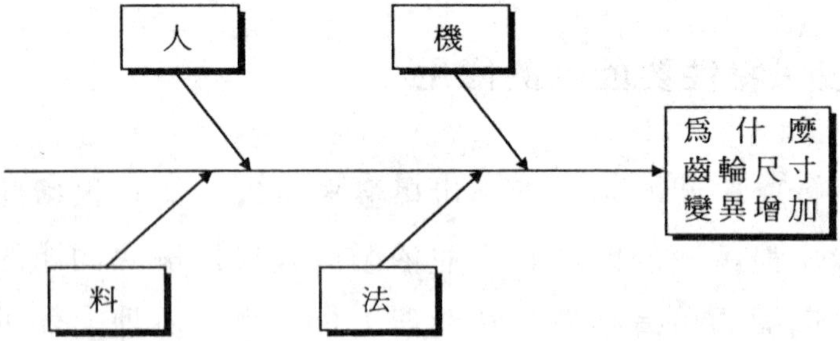

(4)與會人員熱烈討論，依據重大原因進行分析，找出中原因或小原因，繪至魚骨圖中。

(5)魚骨圖小組要形成共識，把最可能是問題根源的項目用紅筆或特殊記號標識。

如大原因中的培訓不足是最重要原因，則用紅筆或特殊記號標識，因為這些才是重點分析對象。

(6)記入必要事項：

圖 3-5

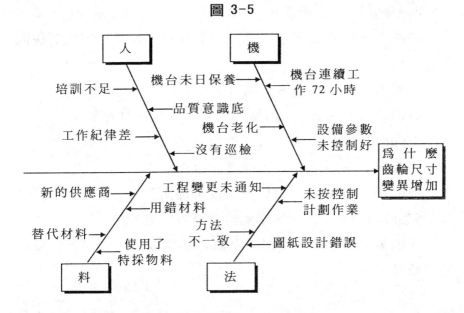

2.繪製因果圖應注意的事項

(1)要集合全員的知識與經驗而繪製。

(2)把重點放在解決問題上，並依 5W2H 的方法逐項列出。繪製因果圖時，重點先放在「為什麼會發生這種原因、結果」，分析後要提出對策時則放在「如何才能解決」，並依 5W2H 的方法逐項列出。

Why——為何要做？（對象）

What——做什麼？（目的）

Where——在那裏做？（場所）

When——什麼時候做？（順序）

Who——誰來做？（人）

How——用什麼方法做？（手段）

How much——花費多少？（費用）

(3)原因解析愈細愈好，愈細則更能找出關鍵原因或解決問題的方法。

(4)因果圖應以現場第一線所發生的問題來考慮。

Q(Quality)品質——功能、尺寸、外觀、材質等；

C(Cost)成本——人工數、原料數等；

D(delivery)交期——生產數、生產能力等；

M(Morale)士氣——出勤率、改善提案件數、團隊精神等；

S(Safcty)安全——整理整頓、災害、安全等。

(5)因果圖繪製後，要形成共識再決定要因，並用色筆或特殊記號標出。

五、特性要因圖應注意的事項

1.特性應註明「為什麼」、「什麼」才容易激發聯想。

2.對特性的決定不能使用看起來含混不清或抽象的主題。

3.收集多數人的意見，多多益善。

運用時應注意下列原則：

(1)意見越多越好。

(2)禁止批評他人的構想及意見。

(3)歡迎自由奔放的構想。

(4)可順著他人的創意及意見，發展自己的創意。

4.層別區分（要因類別、機械類別、工序類別、機種類別等）。

5.無因果關係的，不予歸類。

6.多加利用過去收集的資料。

7.重點應放在解決問題上，並依結果提出對策。其方法可依 5W2H 原則執行：

(1) Why（為何必要）？

(2) What（目的何在）？

(3) Where（在何處做）？

(4) When（何時去做）？

(5) Who（由誰來做）？

(6) How（方法如何）？

(7) How much（費用多少）？

8.以事實為依據。

9.依據特性類別分別製作不同的特性要因圖。

心得欄

六、特性要因圖的應用實例

案例（一）：某電子廠基板焊接不良之因果圖

圖 3-6

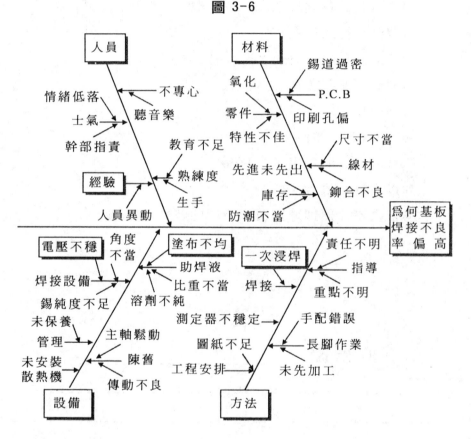

因果圖分析：

(1)基板焊接設備操作員反映近半個月來電壓不穩。

(2)焊接前工位是轉崗的員工，助焊液塗布不均。

(3) 5S 未做好，工作環境較差，PC 板較髒。

(4) 作業指導書規定一次浸焊時間為 3 秒，但實際為 5 秒。

(5) 員工流動較大，培訓又跟不上。

案例（二）：某酒店客房部客戶投訴增加之因果圖

圖 3-7

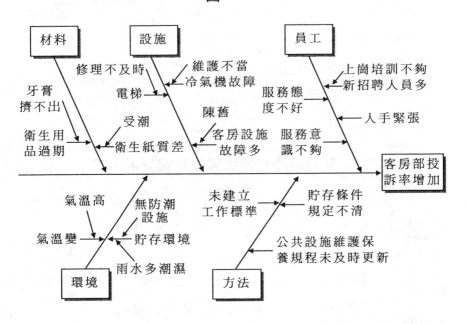

案例（三）：某家庭主婦蛋糕烤焦之因果圖

圖 3-8

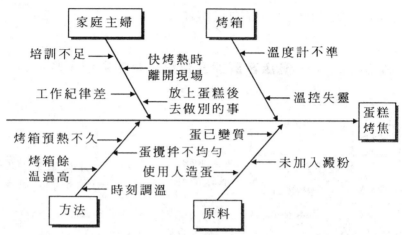

案例（四）：某建築物混凝土強度不夠之因果圖

圖 3-9

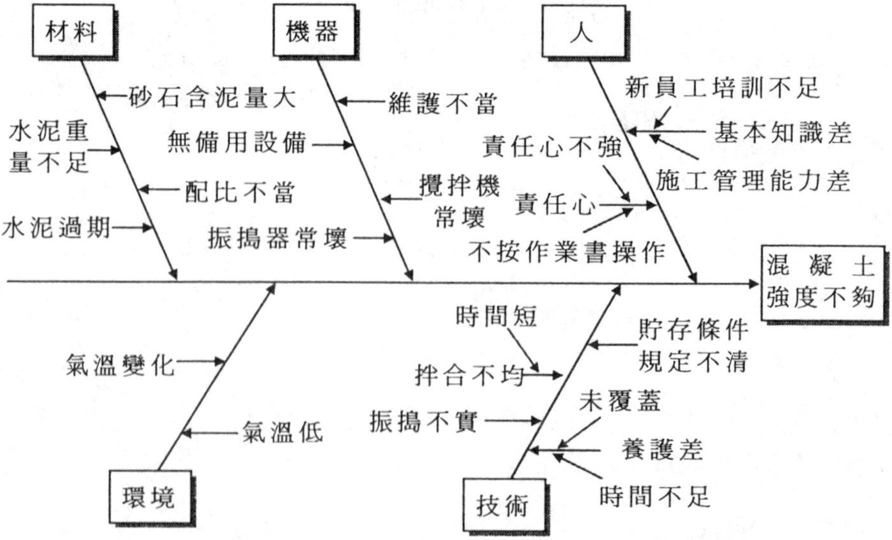

混凝土強度不夠主要是由以下三個原因造成。

(1)砂石含泥量大。

(2)攪拌機常壞：攪拌機由於保養不良，加之老化，經常壞，使水泥砂石未得到充分攪拌。

(3)養護差：混凝土夯實後，未充分覆蓋，任其太陽暴曬。

案例（五）：某汽車配件廠齒輪尺寸變異因果圖

圖 3-10

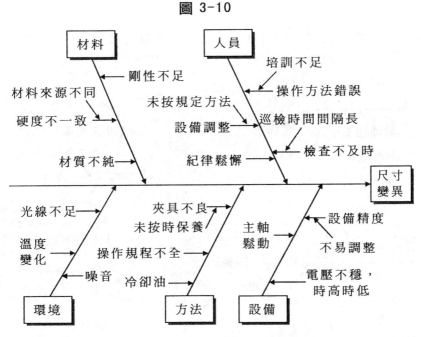

因果圖分析：

經因果圖小組討論並形成一致共識，有三項原因是當前存在的主要問題。

1.從材料方面分析，供應齒輪件的廠商有五家，各家品質

都不一致，也不穩定。

2.從人員方面分析，主要是近段時間生產部人員紀律鬆懈，上班有聊天現象。

3.從方法上分析，目前生產部大部分工序無操作指導書，即使有，也是格式不規範，指導書內容與實際工作脫節。

案例（六）：基板焊接品質系統圖

圖 3-11

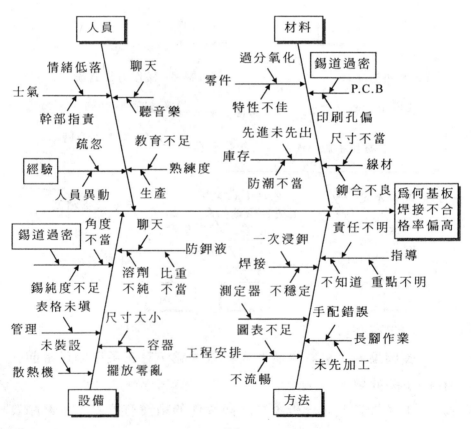

案例（七）：

原因追求型（魚骨上之 1，2，3…表示要因重要性）

圖 3-12 衝壓作業系統圖

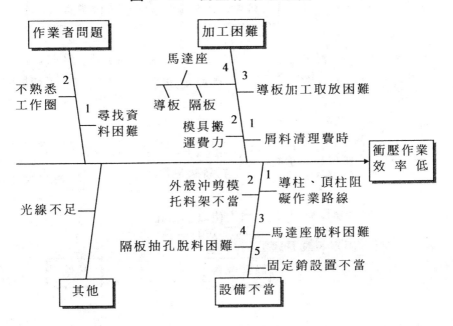

心得欄 ＿＿＿＿＿＿＿＿＿＿＿＿＿＿＿＿＿＿＿＿＿＿＿＿

＿＿＿＿＿＿＿＿＿＿＿＿＿＿＿＿＿＿＿＿＿＿＿＿＿＿＿＿＿＿

＿＿＿＿＿＿＿＿＿＿＿＿＿＿＿＿＿＿＿＿＿＿＿＿＿＿＿＿＿＿

＿＿＿＿＿＿＿＿＿＿＿＿＿＿＿＿＿＿＿＿＿＿＿＿＿＿＿＿＿＿

＿＿＿＿＿＿＿＿＿＿＿＿＿＿＿＿＿＿＿＿＿＿＿＿＿＿＿＿＿＿

＿＿＿＿＿＿＿＿＿＿＿＿＿＿＿＿＿＿＿＿＿＿＿＿＿＿＿＿＿＿

案例（八）：對策追求型

圖 3-13 提高衝壓作業系統圖

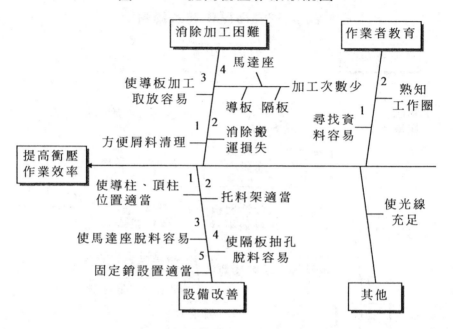

心得欄

第 *4* 章

有效運用柏拉圖法

　　1897 年，義大利經濟學家柏拉圖（1848〜1923）在分析社會經濟結構時發現一個規律，後被稱為「柏拉圖法則」。1930 年，品管泰斗、美國品管專家朱蘭博士應用到品質管理上。

　　20 世紀 60 年代，日本品管大師石川馨在推行他自己發明的 QCC 品管圈時使用了柏拉圖，從而成為品質管制手法之一。

一、柏拉圖的基本定義

1897 年，義大利經濟學家柏拉圖(1848～1923)在分析社會經濟結構時發現一個規律，這個規律就是 80%的社會財富掌握在 20%的人手中，後被稱爲「柏拉圖法則」。

1907 年，美國經濟學家勞倫茲使用累積分配曲線描繪了柏拉圖法則，被稱爲「勞倫茲曲線」。1930 年，品管泰斗、美國品管專家朱蘭博士將勞倫茲曲線應用到品質管理上。

20 世紀 60 年代，日本品管大師石川馨在推行他自己發明的 QCC 品管圈時使用了柏拉圖，從而成爲品質管制手法之一。

柏拉圖的使用要以層別法爲前提，將層別法已確定的項目從大到小進行排列，再加上累積值的圖形。柏拉圖可以幫助我們找出關鍵的問題，抓住重要的少數及有用的多數，適用於計數值統計，也有人稱其爲 ABC 圖。又因爲柏拉圖的排列是依大小順序，故又稱排列圖。

二、柏拉圖的應用技巧

1. 柏拉圖的作用

(1)降低不良的依據

想降低不良，先繪製柏拉圖看看，總不良有多少？那種不良佔最多？那些不良要降低？

(2)決定改善目標，找出問題點

雖然分類較多，但實際上影響較大的是前面的 2～3 項，如果要改善就抓住前面的 2～3 項。

(3)可以確認改善的效果

只要把改善前、改善後的柏拉圖拿來一看，可立即評價出改善效果來。但是這裏提示一點的是，改善前、後的條件或對象要一致，否則沒有可比性。

2.柏拉圖的分析

柏拉圖是用來確定「關鍵的少數」的方法，根據用途，柏拉圖可分為分析現象用柏拉圖和分析原因用柏拉圖。

(1)分析現象用柏拉圖

這種柏拉圖與以下不良結果有關，用來發現主要問題。

①品質：不合格、故障、顧客抱怨、退貨、維修等；

②成本：損失總數、費用等；

③交貨期：存貨短缺、付款違約、交貨期拖延等；

④安全：發生事故、出現差錯等。

(2)分析原因用柏拉圖

這種柏拉圖與過程因素有關，用來發現主要問題。

①操作者：班次、組別、年齡、經驗、熟練情況；

②機器：設備、工具、模具、儀器；

③原材料：製造商、工廠、批次、種類；

④作業方法：作業環境、工序先後、作業安排。

3.柏拉圖繪製注意要點

(1)柏拉圖有兩個縱坐標，左側縱坐標一般表示數量或金額，右側縱坐標一般表示數量或金額的累積百分比。

(2)柏拉圖的橫坐標一般表示檢查項目，按影響程度大小，從左到右依次排列。

(3)繪製柏拉圖時，按各項目數量或金額出現的頻數，對應左側縱坐標畫出直方形，將各項目出現的累計頻率，對應右側縱坐標描出點子，並將這些點子按順序連接成線。

4.柏拉圖的應用技巧

(1)柏拉圖要留存，把改善前與改善後的柏拉圖排在一起，可以評估出改善效果。

(2)分析柏拉圖只要抓住前面的 2～3 項就可以。

(3)柏拉圖的分類項目不要定得太少，5～9 項較合適，如果分類項目太多，超過 9 項，可劃入「其他」，如果分類項目太少，少於 4 項，做的柏拉圖無實際意義。

(4)作成的柏拉圖如果發現各項目分配比例差不多時，柏拉圖則失去意義，與柏拉圖法則不符，應從其他角度收集數據再作分析。

(5)柏拉圖是管理改善的手段而非目的，如果數據項別已經很清楚者，則無需再浪費時間製作柏拉圖。

(6)其他項目如果大於前面幾項，則必須加以分析層別，檢討其中是否有原因。

(7)柏拉圖分析主要目的是從獲得情報顯示問題重點而採取對策，但如果第一位的項目依靠現有條件很難解決時，或即使解決花費很大，得不償失，那麼可以避開第一位項目，而從第二位項目著手。

三、柏拉圖的製作流程

流程 1：收集數據

某電子廠品管部將上個月的組裝線的制程不良作出統計，抽樣 2800 件，總不良數為 103 件，其中不良數分佈為：

表 4-1　8 月份制程不良品統計表

序　號	不良項目	不 良 數	佔不良總數百分比(%)
1	脫　　漆	53	35.8%
2	氖燈不亮	10	6.8%
3	髒　　汙	5	3.4%
4	無 功 率	12	8.1%
5	耐壓不良	36	24.3%
6	色　　差	7	4.7%
7	變　　形	22	15%
8	其　　他	3	1.9%
合　　計		148	100%

流程 2：把分類好的數據進行匯總，由多到少進行排序，並計算累計百分比。

表 4-2　8月份制程不良品統計表

序　號	不良項目	不良數	佔不良總數百分比(%)	累積百分比(%)
1	脫　　漆	53	35.8%	35.8%
2	耐壓不良	36	24.3%	60.1%
3	變　　形	22	15%	75.1%
4	無 功 率	12	8.1%	83.2%
5	氖燈不亮	10	6.8%	90%
6	色　　差	7	4.7%	94.7%
7	髒　　汙	5	3.4%	98.1%
8	其　　他	3	1.9%	100%
合　　計		148	100%	

流程 3：繪製橫軸與縱軸刻度。

(1)畫出橫軸與縱軸，橫軸表示不良項目，左邊縱軸表示不良數，右邊縱軸表示不良率。

(2)左邊縱軸最高刻度是不良總數 148PCS，右邊縱軸最高刻度是不良率 100%。

(3)左邊的縱軸最高刻度與右邊縱軸最高刻度是一條水準線。

圖 4-1

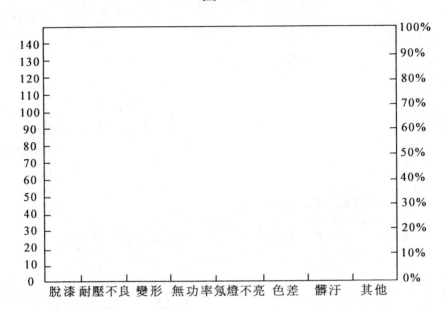

流程 4：繪製柱狀圖

(1)在左縱軸與橫軸區域間找出座標點，共 7 個座標點。

(2)將各不良項目畫出座標，也就是柱狀圖。

如圖 4-2 所示。

流程 5：繪製累積曲線

(1)針對累積不良率左右縱軸與橫軸區域間找出座標點，共 7 點。

(2)用折線將 7 個點連接。

如圖 4-3 所示。

圖 4-2

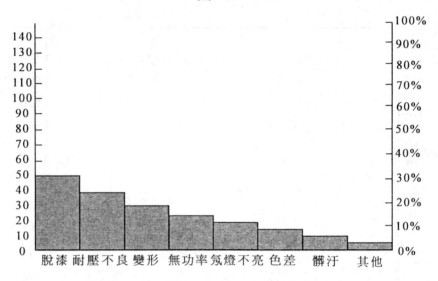

圖 4-3

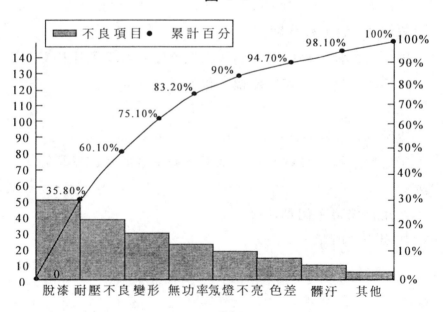

流程 6：記入必要事項：

(1)總檢查數：2800 件

(2)總不良數：148 件

(3)不良率：5.28%

流程 7：分析柏拉圖

(1)從以上柏拉圖可以看出，制程中脫漆、耐壓不良、變形佔總不良率比率的 75.1%，這三項是 9 月份重點改善的項目，建議用因果圖對這三項不良進行原因分析。

(2)應確定項目改善責任人及完成期限，爭取 9 月份把脫漆，耐壓不良、變形的比例降下來。

(3)應參照過去的柏拉圖(如上個月或上一週)進行對比，從中發現改善前與改善後的狀況，如下圖。

圖 4-4　某公司 7 月份與 8 月份柏拉圖對比（示例）

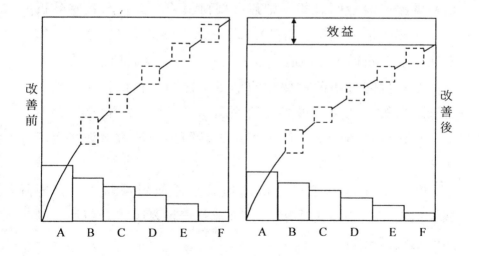

四、使用柏拉圖應注意事項

1.柏拉圖是按所選取的項目來分析，因此，只能針對所選取項目加以比較，對於項目以外的分析無能爲力。

例如：某產品不合格數中 A 項佔 85%，減低 A 項不合格數只能降低該產品的不合格率，並不代表此舉最合乎效益原則。

2.製成的柏拉圖若發現各項目分配比例相差不多時，則不符合柏拉圖法則，應從其他角度再作項目分類，重新收集資料來分析。

3.製作柏拉圖依據的數據應正確無誤，才不致隱瞞事實真相。

4.柏拉圖僅是管理改善的手段而非目的，因此，對於數據類別重點已清楚明確的，則無必要再浪費時間作柏拉圖分析。

5.製成柏拉圖後，如仍然覺得前面 1～2 項不夠具體，無法據此採取對策時，可再進一步製作柏拉圖，以便把握具體重點。

6.柏拉圖分析的主要目的是從柏拉圖中獲得情報，進而設法採取對策。如果所獲得的情報顯示第一位的不合格項目並非本身工作崗位所能解決時，可以先避開第一位次，而從第二位次著手。

7.先著手改善第一位次的項目，採取對策將不合格率降低；但過不久問題再出現時，則需考慮將要因重新整理分類，另作柏拉圖分析。

8.「其他」項若大於最大的前面幾項，則必須加對「其他」

項再細分,檢討其中是否含有大的原因(以不超過前面三項為原則)。

9.必要時,可作層別的柏拉圖。對有問題的項目,再進行層別作出柏拉圖,直到原因類別的柏拉圖為止。若想將各項目加以細分化且表示其內容時,可畫積層柏拉圖(或二重柏拉圖)。重覆層別展開柏拉圖時,雖易尋得真正不合格原因所在,但須注意其對整修不合格的貢獻率(影響度)卻變小。

圖 4-5 積層柏拉圖

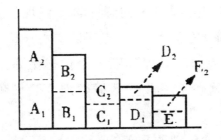

圖 4-6 二重柏拉圖

註:層別區分柏拉圖的棒狀部份,並用點線加以識別的柏拉圖,稱為積層柏拉圖。在柏拉圖的棒狀內部再設立棒狀圖,並畫出累計折線,形成雙重的柏拉圖,稱為二重柏拉圖。

五、柏拉圖的應用對策

1.品質方面

(1)不合格品數、損失金額及可依不合格項目類別、發生場所類別、發生過程類別、機械類別、操作者類別、原料類別、作業方法類別等結果或要因區分出「重要的少數，瑣碎的多數」情形。

(2)消費者的抱怨項目、抱怨件數、修理件數等。

2.時間(效率)方面

(1)操作的效率——過程類別、單位作業類別等。

(2)故障率、修理時間——機械類別、設備類別等。

3.成本方面

(1)原料、材料類別的單價。

(2)規格類別、商品類別的單價。

(3)品質成本——預防成本、鑑定成本、內外部失敗成本。

4.市場方面

銷售金額類別、營業所類別、商品銷售類別、業務員類別。

5.交通方面

(1)交通事故肇事率、違規案件類別、車種類別、地區類別。

(2)高速公路超速原因、肇事死亡原因等。

6.安全方面

災害的件數——場所類別、職務類別、人體部位類別。

7. 選舉方面

(1)票源區域。

(2)調查活動區人數分配。

8. 治安方面

(1)少年犯罪率、件數、年齡類別。

(2)通輯要犯件數、人數、地區類別、分局類別、時間類別。

9. 醫學方面

(1)十大病因類別、年齡類別、糖尿病要因類別、職業病患類別。

(2)門診病患類別、門診科類別等。

六、柏拉圖的應用實例

案例(一)：某傢俱廠各部門不合格數柏拉圖

表 4-3　某傢俱廠各部門檢驗不合格統計表

序　號	部　　門	不良數	不良率	累計數	累積百分比
1	打磨組	45	32.6%	45	32.6%
2	噴油組	38	27.5%	83	60.1%
3	封邊組	16	11.6%	99	71.7%
4	開料組	11	8.0%	110	79.7%
5	包裝組	10	7.3%	120	87.0%
6	安裝組	9	6.5%	129	93.5%
7	排鑽組	9	6.5%	138	100.0%

柏拉圖分析：

打磨組、噴油組、封邊組生產的不良佔總不良的 71.7%，是重點改善的對象，此圖為我們指明了最佳改進的機會。

圖 4-7

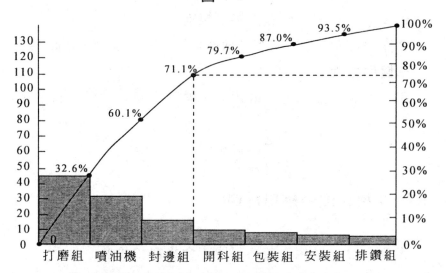

案例（二）：玩具廠 9 月份毛絨玩具成品檢驗不良柏拉圖

表 4-8　9 月份毛絨玩具成品檢驗不良月統計表

日　期	生產數	車　縫不　良	子　口不　均	跳　線	有針尖	梳　毛不　良	入　棉不　均	有線頭	當　日不良數
1	400	3	1	0	1	0	0	0	5
2	500	1	0	2	0	1	0	0	4
3	480	1	1	1	0	1	0	0	d
4	510	0	0	0	0	0	1	0	1
5	460	1	2	3	0	3	0	0	9
6	500	2	0	5	0	0	0	0	7

續表

7	400	2	1	0	0	0	1	1	5
8	470	1	0	0	0	0	1	0	2
9	400	5	2	5	0	1	0	0	13
10	600	3	0	1	0	1	2	0	7
11	550	0	1	2	1	1	0	0	5
12	560	1	3	0	0	0	0	0	4
13	580	0	2	1	0	2	0	0	5
14	600	5	4	0	0	2	1	1	13
15	400	1	1	4	0	3	1	0	10
16	490	2	2	1	0	4	0	0	9
17	500	3	1	3	0	0	1	0	8
18	470	2	5	2	0	1	0	1	11
19	500	4	0	3	0	0	1	1	9
20	498	0	1	3	0	2	2	0	8
21	475	9	7	0	0	0	0	1	17
22	496	3	0	1	0	0	0	o	4
23	513	5	1	1	0	1	1	0	9
24	526	0	0	2	0	0	1	0	3
25	528	6	1	0	0	0	0	0	7
26	560	5	0	2	0	1	0	0	8
27	550	1	1	0	0	0	1	0	3
28	587	1	0	3	0	2	1	1	8
29	590	3	1	1	0	0	2	0	7
30	599	0	0	1	0	2	0	0	3
31	562	5	1	0	1	0	0	1	8
總　計	15854	75	39	47	3	28	17	7	216

表 4-5　排列次序表

序　號	類　　別	不良數	累計不良數	佔總不良數的百分比	累積百分比
1	車縫不良	75	75	34.7%	34.7%
2	跳　　線	47	122	21.8%	56.5%
3	子口不均	39	161	18.1%	74.5%
4	梳毛不良	28	189	13.0%	87.5%
5	入棉不均	17	206	7.9%	95.4%
6	有　線　頭	7	213	3.2%	98.6%
7	有　針　尖	3	216	1.4%	100.0%
	Σ	216		100.0%	

圖4-9　柏拉圖

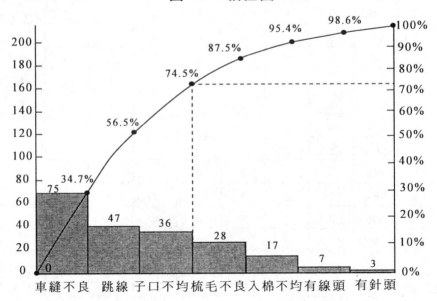

柏拉圖分析:

從柏拉圖可以看出「車縫不良」屬於本月重點改善的對象,其不良數高達 75PCS,佔總不良數的 34.7%,其次便是「跳線」和「子口不均」,應儘快找出原因並予以改善。

案例(三):8 月份業務部費用支出柏拉圖

表 4-6　8 月份業務部費用支出統計表

(單位:元)

日期	星期	交通費	招待費	宣傳費	培訓費	出差補貼	誤餐費	手機費	當日支出費用
1	二	315	0	0	0	50	12	0	377
2	三	260	500	0	0	100	12	0	872
3	四	200	0	0	800	50	12	0	1062
4	五	328	0	0	0	50	12	0	390
5	六	0	0	0	0	0	0	0	0
6	日	0	0	0	0	0	0	0	0
7	一	212	0	0	1000	50	12	0	1274
8	二	200	0	0	0	50	12	0	262
9	三	360	800	0	0	100	12	0	1272
10	四	352	0	0	0	50	12	0	414
11	五	321	0	0	0	50	12	0	383
12	六	0	0	0	0	0	0	0	0
13	日	0	0	2000	0	0	0	0	2000
14	一	318	0	0	800	50	12	0	1180

續表

15	二	108	1000	0	0	50	12	0	1170
16	三	219	0	0	0	50	12	0	281
17	四	455	0	0	0	50	30	0	535
18	五	560	0	0	0	0	12	0	572
19	六	0	1000	0	0	0	0	0	1000
20	日	0	0	0	0	50	0	0	50
21	一	500	1000	0	0	50	12	0	1562
22	二	514	0	0	0	50	12	0	576
23	三	419	0	3000	0	50	12	0	3481
24	四	322	0	0	0	50	12	0	384
25	五	389	0	0	0	0	12	0	401
26	六	0	0	0	0	0	0	0	0
27	日	0	0	0	0	50	0	0	50
28	一	1200	0	0	500	100	30	0	1830
29	二	1800	0	0	0	100	30	0	1930
30	三	650	0	0	0	50	30	0	730
31	四	560	0	0	0	50	12	800	1422
總　　計		10562	4300	5000	3100	1350	348	800	25460

表 4-7　排列次序表

序　號	類　　別	金　　額	累計金額	佔總金額的百分比	累積百分比
1	交　通　費	10562	10562	41.5%	41.5%
2	宣　傳　費	5000	15562	19.6%	61.1%
3	招　待　費	4300	19862	16.9%	7 8.0%
4	培　訓　費	3100	22962	12.2%	90.2%
5	出差補貼	1350	24312	5.3%	95.5%
6	手　機　費	800	25112	3.1%	98.6%
7	誤　餐　費	348	25460	1.4%	100.0%
	Σ	25460		100.0%	

根據以上排列次序表繪製出以下柏拉圖。

圖 4-10

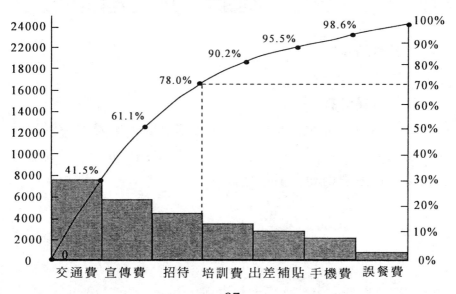

柏拉圖分析：

從柏拉圖可以看出 8 月份的交通費為 10562 元，佔整個支出的 41.5%，是重點改善的項目。

案例（四）：某建築公司混凝土預製板品質柏拉圖

1.混凝土預製板品質情況檢查

表 4-8　混凝土預製板品質情況檢查表

序　　號	項　　　目	數　　量	佔總不良數百分比	累積百分比
1	表面酥鬆	72	56.5	56.5%
2	表面蜂窩麻面	30	21.7	78.2%
3	局部有露筋	15	10.9	89.1%
4	端部有裂縫	10	7.2	96.3%
5	預製板斷裂	5	3.6	100%

2.繪製柏拉圖

如圖 4-11 所示。

3.柏拉圖分析

由圖 4-11 可知，表面酥鬆和蜂窩麻面是影響預製板品質的主要因素，局部露筋是次要因素，此三項佔 89.1%；端部裂縫和預製板斷裂則為一般影響因素。

圖 4-11　柏拉圖

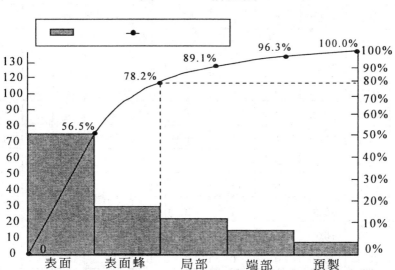

案例（五）：某印刷廠 12 月份制程不良柏拉圖

表 4-9　12 月份印刷制程巡檢不良統計表

日期	訂單號	生產數	用錯紙	壓印不清晰	套印不準確	印刷跑位	字體圖案錯誤	漏白	粘接不牢	當日總不良數
1	088	2000	0	2	1	2	0	3	3	11
2	089	10000	0	1	2	3	0	5	1	12
3	090	8500	1	3	0	0	0	3	0	7
4	091	1500	0	1	1	1	0	4	4	11
5	092	20000	1	2	1	0	1	10	2	17
6	093	1800	0	3	1	5	0	1	1	11
7	094	25000	1	1	2	2	1	0	5	13
8	095	8000	0	2	5	0	0	8	0	15

9	096	2500	1	8	1	2	0	1	0	13
10	010	500	0	3	1	0	0	5	0	9
11	011	2000	0	0	6	2	0	1	1	10
12	012	18000	0	6	5	1	1	1	0	14
13	013	2800	0	2	1	0	0	1	1	5
14	035	3000	1	0	1	2	0	6	3	13
15	036	5000	0	1	2	1	0	0	0	4
16	037	4000	0	1	3	0	0	5	0	9
17	038	8000	1	1	9	0	1	1	0	13
18	039	1500	0	5	1	2	0	1	0	9
19	040	2000	0	0	0	0	0	0	4	4
20	078	20000	1	9	1	0	0	0	0	11
21	079	3000	0	1	0	0	1	0	1	3
22	080	3000	0	1	1	2	0	0	1	5
23	081	5000	0	0	0	0	1	1	1	3
24	082	28000	1	2	0	1	0	0	8	12
25	083	30000	0	6	5	2	0	0	0	13
26	084	1500	0	7	8	2	0	0	1	18
27	022	1800	0	1	1	0	0	0	0	2
28	023	2000	1	2	3	o	0	0	1	7
29	024	2800	0	10	1	0	o	o	0	11
30	025	3000	0	0	1	1	0	1	3	6
31	026	50000	1	12	12	0		0	0	25
總　計		276200	10	94	76	31	6	58	41	316

表 4-10 排列次序表

序號	類別	不良數	不良率	累計數	累積百分比
1	壓印不清晰	94	29.7%	94	29.7%
2	套印不準確	76	24.1%	170	53.8%
3	漏　白	58	18.496	228	72.2%
4	粘接不牢	41	13.0%	269	85.1%
5	印刷跑位	31	9.8%	300	94.9%
6	用　錯　紙	10	3.2%	310	98.1%
7	字體圖案錯誤	6	1.9%	316	100.0%
	Σ	316	100.0%		

根據排列次數表繪製的柏拉圖：

圖 4-12

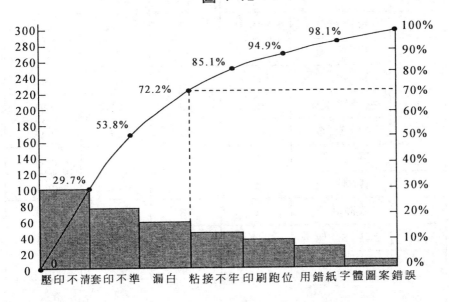

柏拉圖分析：

從 12 月份的制程巡檢柏拉圖可以看出，前三項(壓印不清晰、套印不準確、漏白)佔總不良比例的 72.2%。應重點分析其原因進行改善。

案例(六)：百萬富翁投資項目柏拉圖

1.百萬富翁投資分佈統計

為了研究本地區百萬富翁的投資去向，對 100 名百萬富翁的投資進行調查，調查統計結果如下：

表 4-11　百萬富翁投資分佈統計表

序　號	項　　目	費用金額 （萬元）	累計金額 （萬元）	佔總金額 百分比	累積百分比
1	銀行存款	48	48	48%	48%
2	房 地 產	20	68	20%	68%
3	買 古 董	15	83	15%	83%
4	投資開工廠	6	89	6%	89%
5	存 黃 金	5	94	5%	94%
6	買 保 險	2	96	2%	96%
7	買 股 票	1	97	1%	97%
8	放高利貸	1	98	1%	98%
9	其　　他	2	100	2%	100%
	合　　計	100		100%	

2.繪製柏拉圖

圖 4-13

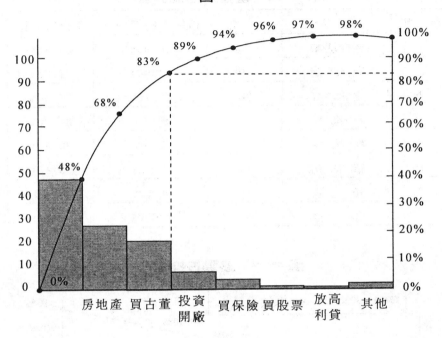

3.柏拉圖分析

百萬富翁大部分將錢存入銀行，佔 48%，幾乎將一半的錢放入銀行吃利息。將 20 萬買房子，體現了家的觀念。百萬富翁收藏古董興趣濃厚，用 15%的錢來買古董。

案例（七）：某醫院病人病因柏拉圖

表 4-12　醫院病因統計表

序　號	病　　因	人　數	佔總人數百分比	累積百分比
1	惡性腫瘤	183	34.90%	34.90%
2	腦血管病	120	22.90%	57.80%
3	意外事故	98	18.70%	76.50%
4	心　臟　病	42	8.00%	84.50%
5	糖　尿　病	29	5.50%	90.00%
6	結　石　病	18	3.40%	93.40%
7	其　　他	35	6.60%	100.00%
	合　　計	525	100.0%	

圖 4-14　繪製柏拉圖

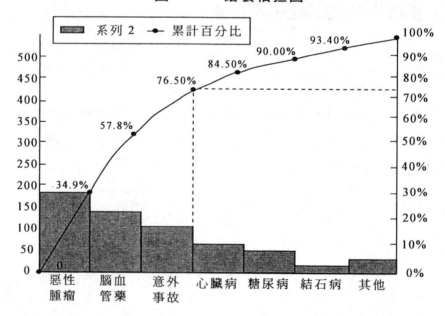

柏拉圖分析：

　　1. 2002 年醫院病因前三項分別是惡性腫瘤、腦血管病和意外事故，佔總人數的 76.5%，可借助柏拉圖重點分析這三類病形成的原因。

　　2.其中惡性腫瘤最多，這可能是飲食習慣造成，或地球環境惡化所致。建議多吃素食，少吃膽固醇含量高的食物。

　　3.在意外事故人數中，其中交通事故居冠，應加強交通安全教育及宣傳。

案例（八）：某陶瓷廠成品不良柏拉圖

表 4-13　8 月份陶瓷成品不良統計表

日期	生產數	雜物	針孔	坯裂	刮傷	施釉不良	包風	暗裂	翹角	當　日不良數
1	1500	6	3	1	0	0	0	1	0	11
2	1600	5	2	0	0	0	0	0	1	8
3	1900	6	1	1	1	0	0	0	0	9
4	1600	9	0	0	0	1	0	0	0	10
5	2000	1	3	2	0	0	0	0	0	6
6	2156	2	5	0	0	0	0	0	0	7
7	2532	8	0	1	1	1	1	0	1	13
8	1800	15	0	0	0	1	0	0	0	16
9	1922	2	5	2	0	0	0	0	0	9
10	1866	9	1	0	0	2	0	0	0	12
11	1860	4	2	1	1	0	0	1	0	9

續表

12	1782	5	0	0	0	0	0	0	2	7
13	1699	6	1	2	0	0	0	0	0	9
14	1593	5	0	0	1	1	1	0	0	8
15	2310	8	4	1	0	1	0	0	1	15
16	2100	15	1	0	0	0	0	0	0	16
17	1899	6	6	1	0	1	0	0	0	14
18	1800	9	2	0	1	0	1	0	1	14
19	1780	1	3	0	0	1	1	0	0	6
20	1900	0	3	1	0	2	0	0	0	6
21	1980	9	3	0	0	0	1	0	0	13
22	2100	5	5	0	0	0	0	0	0	10
23	2100	8	1	1	1	1	0	0	0	12
24	1800	2	2	0	0	1	0	0	1	6
25	1900	1	0	1	0	0	0	0	0	2
26	1780	0	2	0	0	0	0	0	0	2
27	1890	0	4	1	0	1	0	0	0	6
28	2000	3	3	0	2	1	1	0	0	10
29	2100	6	1	1	0	2	0	0	0	10
30	2300	8	1	0	2	0	0	0	1	12
31	2100	9	2	1	0	0	1	1	0	14
總計	59649	173	66	18	10	17	7	3	8	302

表 4-14　排列次序表

序　號	類　　別	不良數	累計不良數	佔總不良數的百分比	累積百分比
1	雜　　物	173	173	57.3%	57.3%
2	針　　孔	66	239	21.9%	79.1%
3	坯　　裂	18	257	6.0%	85.1%
4	施釉不良	17	274	5.6%	90.7%
5	刮　　傷	10	284	3.3%	94.0%
6	翹　　角	8	292	2.6%	96.7%
7	包　　風	7	299	2.3%	99.0%
8	暗　　裂	3	302	1.0%	100.0%
	Σ	302		100.0%	

圖4-15　繪製柏拉圖

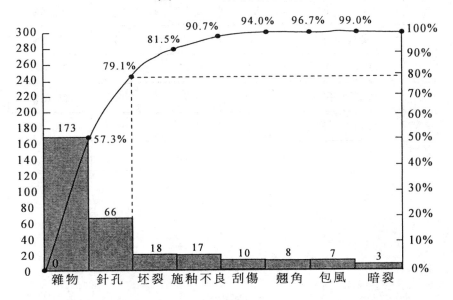

柏拉圖分析：

柏拉圖顯示雜物不良數為 173PCS，佔總不良比率的 57.3%，建議用因果圖對此進行重點分析，找出原因並提出改善措施。

案例（九）：某服裝廠本週來料檢驗不良柏拉圖

表 4-15　來料檢驗不良統計表

序　號	類　別	不良數	不良率	累計數	累積百分比
1	漏　　染	178	31.7%	178	31.7%
2	脫　　紗	120	21.4%	298	53.1%
3	克重不夠	92	16.4%	390	69.5%
4	未　定　形	72	12.8%	462	82.4%
5	脫　　色	50	8.9%	512	91.3%
6	織數不夠	28	5.0%	540	96.3%
7	縮　　水	14	2.5%	554	98.8%
8	耐磨度不夠	5	0.9%	559	99.6%
9	其　　他	2	0.4%	561	100.0%
	Σ	561	100.0%		

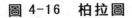

圖 4-16　柏拉圖

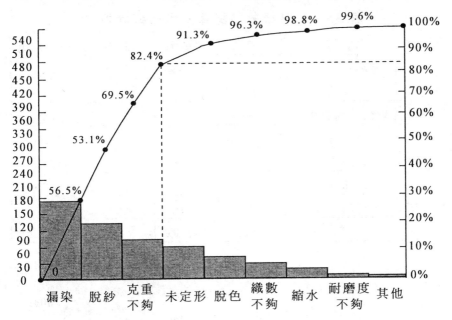

柏拉圖分析：

　　本週的柏拉圖顯示漏染不良 178、脫紗 120、克重不夠 92，未定形 72，前四項總計不良共 462，佔總不良率 82.4%。此不良大部分屬於供應 K 紡織廠所供應的布料，是重點改善的供應商。

案例（十）：摩托車配件廠 3 月出廠檢驗鏈條不合格柏拉圖

表 4-16　出廠檢驗鏈條不合格統計表

序　號	類　　別	不良數	不良率	累計數	累積百分比
1	極限拉伸載荷	20	39.2%	20	39.2%
2	鏈長精度	12	23.5%	32	62.7%
3	鏈條聯結牢固度	8	15.7%	40	78.4%
4	疲勞性能	5	9.8%	45	88.2%
5	耐磨性能	3	5.9%	48	94.1%
6	鏈節鬆動	2	3.9%	50	98.0%
7	外觀不良	1	2.0%	51	100.0%
	Σ	51	100.0%		

圖 4-17

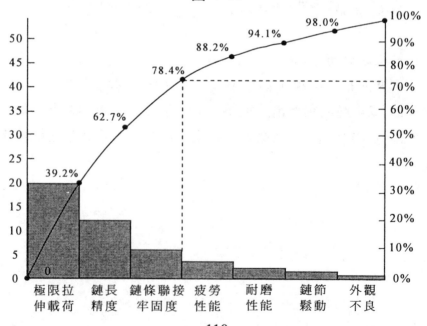

柏拉圖分析：

極限拉伸載荷、鏈長精度與鏈條聯結牢固度佔總不良的78.4%，要應用因果圖對前三項進行分析，找出原因提出糾正措施。

案例（十一）：顧客抱怨件數分析

圖 4-18　顧客抱怨件數柏拉圖

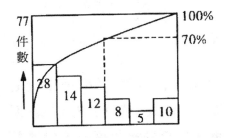

說明：

前三項抱怨原因佔 70%。針對前三項問題加以層別找出真正原因，則可消除大部份的問題。

案例（十二）：生產線報廢原因分析

圖 4-19

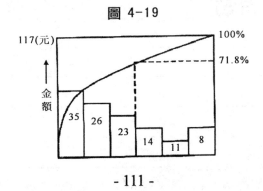

案例（十三）：2009 年死亡原因調查

圖 4-20　2009 年死亡原因調查柏拉圖

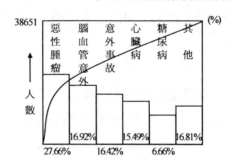

說明：

2009 年死亡原因（每 10 萬人）的前三項主因分別是惡性腫瘤、腦血管意外及意外事故。應從飲食習慣、環境品質來改善；對於意外事故方面，以交通事故居首，也應對交通教育及宣導來著手改善。

心得欄 _

_ _

_ _

_ _

_ _

_ _

第 *5* 章

有效運用系統圖法

　　為了改善目標，能變成可實施的具體項目，必須深入加以分析，找出真正的具體原因，或是可行的具體策略。這種為達成目的而有系統去推展出各種手段的方法，稱之為系統圖法。

　　系統圖法對於管理重點的明確化、改善對策的選擇和展開是個有效的方法，是企業人不可或缺的「目的—手段」的思考訓練，使用系統圖即可迎刃而解。

在經營管理上，常常會遭逢一些不知從何做起的難題，因為所獲得的情報只是一個改善目標，或是一項品質特性而已，根本無法直接實行。爲了使這些品質特性或是改善目標，能變成可實施的具體項目，就必須深入加以分析，找出真正的具體原因，或是可行的具體策略。這種爲達成目的而有系統去推展出各種手段的方法，稱之爲系統圖法。

一、系統圖法的基本定義

系統圖法對於管理重點的明確化、改善對策的選擇和展開是個有效的方法，是企業人不可或缺的「目的一手段」的思考訓練，在日常處理業務的過程中，常會對於「目的一手段」的明確區分極感困難，使用系統圖即可迎刃而解。

以關連圖法掌握住阻礙問題的主要原因後，接著就是要打破這些阻礙原因，探索能夠解決問題的對策，此時需借助系統圖。

爲了達成某種目的而選擇一些手段，爲了說明這些手段，又必須找出下層次的手段，而上層的手段就變成下層次的目的了，再由下層次的目的找出更下層的手段，再轉成目的，如此循環下去，直到找到具體可行的手段爲止，這種解析的方法，稱之爲系統圖法。如圖 5-1。

圖 5-1　　系統圖展開

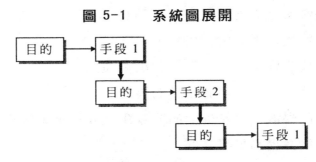

簡言之，將達成目的的最適合手段，依其進行的層次，以樹狀做系統性的圖示，稱為系統圖。透過系統圖的完成，可以使問題的全貌得以呈現，據此，可以把握問題的重點，時而採取最適合的手段或對策。

系統圖法所使用的圖，是以樹木的分枝來表示一種事象，因此亦稱為樹狀圖(dendrogram)。家譜圖及組織系統圖都是典型的系統圖，又稱為種族樹圖(phylogenic tree diagram)。

系統圖的特點如下：

1.可以很容易地作有系統且合乎邏輯來針對事象展開，並減少疏漏的發生。

2.易於統一成員的意見。

3.易於整理，手段又一目了然，故對有關人員具有很強的說服力。

二、系統圖法的應用技巧

1.系統圖的適用在於：

(1)新產品開發中的設計品質的展開。

(2)品質保證的展開與 QC 工程圖的關連。

(3)與特性要因圖配合使用。

(4)解決各種 Q、C、D 問題的策略展開。

(5)目標、方針及實施項目的展開。

(6)部門機能、管理機能的明確化及效率化策略的尋求。

(7)生產力提高策略展開。

(8) QCC 活潑化的策略展開。

(9)減少顧客抱怨的策略展開。

(10)提高研究開發效果的具體策略的展開。

(11)CWQC 活動的策略展開。

(12)降低不良品的策略展開。

2.系統圖的分類

系統圖根據使用的方法,可分為:

(1)構成要素展開型。系將問題的構成要素以「目的一手段」的關係展開。注重的是分析。

(2)策略展開型。

系將解決問題或達成目的的手段、策略,做樹狀形的展開。注重的是改善。

三、系統圖法的製作流程

系統圖的製作原則,如下:

1.最後集合不同經驗或知識的人共同討論。

2.進行腦力激盪,儘量提出獨創性的構想。

3.培養活用構想的能力。

4.構想越多越好，並將之修飾為有幫助的構想。

5.基本目的確定後，再進一步確認上一層的目的。

6.手段(或策略)不夠時，一定要追加。

7.不必要的手段或策略刪去，不夠好的則加以修正。

8.考慮在觀點上是否有遺漏的地方之後，再繼續進行下一步。

9.在得到有可能實施之手段前，必須不斷地展開手段。

10.為了慎重起見，可從下層次手段來確認上層次的手段是否妥當。

11.所求得的手段或策略須具備下述三個條件：

(1)不使成本提高。

(2)不使作業不安全。

(3)不使生產減低。

(一)確定目的或目標

在設定目的或目標時，要再三思慮「什麼原因能獲得此目的(或目標)的結果」的問題，同時亦應提出高一層次的目的(或目標)來，看此目的(或目標)是否最適當。

目的(或目標)原則上都以簡潔的方式表示，使任何人都能一目了然，必要時可以使用短文。通常以「為使○○如何如何，應……」表示。

目的或目標提出時，如果還有限制事項，必須明確記錄。

(二)提出手段(或策略)

利用腦力激蕩法,提出為達成目的(或目標)的手段或策略。手段或策略的提出方式為:

1.由層次較高的手段或策略開始,依序聯想提出。

2.由最末端的層次來思考而提出概略的手段或策略,然後依序提出上層次的手段或策略。

3.不以層次高低來作思考的準則。

(三)評價手段(或策略)

在進入次一流程以前,應加以取捨選擇,將多餘的部分淘汰,因此,對所提出的手段或策略是否適當,需要作一評價,若有其他限制事項時,應特別加以考慮。

評價的方式以○、△、×表示。

○:可能實施。

△:非經過調查,無法知道是否可行。

×:不可能實施。

被評價為△的手段或策略,應立即調查,並明示是○或×。在評價過程中,新的構思還會一再產生,應逐漸追加,使其變成更好的構想。評價時應注意避免表面上的評價,並努力培養創意。

(四)制卡

評價之後,擬採行的手段或策略,以簡潔文字書寫在標籤或卡片上。

(五)展開手段或策略，製作系統圖

依目的→手段的層次，逐次將經過評價後所做成的標籤做有系統的展開。先將模造紙展開，把目的(或目標)放在左端的中央，如果有限制事項，則在其下方記載，然後質問「為了達成目的(或目標)，要有那些手段(或策略)」，並從已製作好的標籤中去尋找，配置在目的的(或目標)的後面，兩個以上則縱的並列，並以虛線連接。

接著把一次手段(或策略)當做目的，質問達成的手段或策略為何，從制好的標籤中去尋找，配置於其後。如此不斷質問，找出三次、四次……手段或策略，直到得到可能行動的手段或策略為止。如圖 5-2。

在質問過程中，常常會發現新的手段或策略，應該逐漸追加上去，還有，認為不可行的，應刪除；表達不適當的，則加以修飾。

展開完成後，所有成員應再次從一次、二次……手段或策略再加以檢討。

(六)由手段→目的反方向確認目的

由最末端的層次，逐次質問是否能達到其上層次的目的，如果答案是 NO 的話，即認為無法達成其上層次的「手段→目的」，就必須另外再追加不足的手段或策略。

圖 5-2　系統圖的製作例

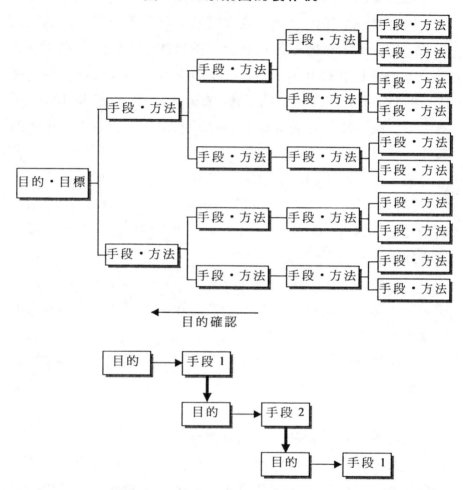

（七）完成系統圖製作

　　將標籤貼在模造紙上，並以線連接「目的─手段」的關係，最後於圖旁記入有關的履歷，如主題、成員……此時即完成系統圖的製作。如圖 5-3。

圖 5-3　主題「為使○○如何，應……」之系統圖的製作

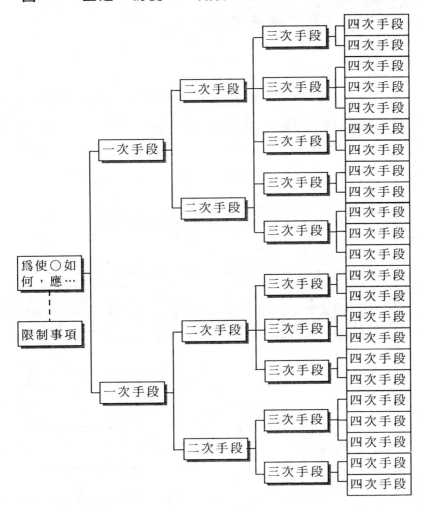

（八）擬訂實施計劃

依系統圖中最下層次的手段或策略，擬出實施內容、日程、擔任者等實施計劃。

四、系統圖法的應用實例

案例（一）：

某公司為解決交期問題，以確保交期，並打開制程的瓶頸，於是以系統圖和矩陣圖來瞭解「整理課停滯品多，不能確保交貨」間的關係。如圖 5-4。

圖 5-4 「交期不準」的系統——矩陣圖

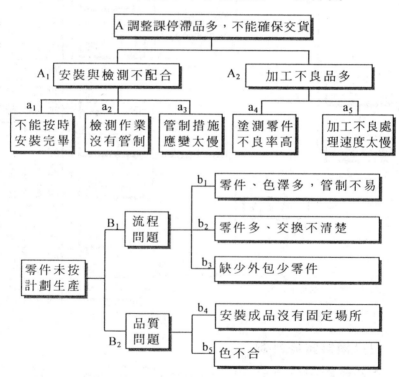

案例（二）：

在檢討總務課的複印作業，浪費在移動的時間很多，於是以系統圖配合工時研究來尋求對策解決。如圖 5-5。

圖 5-5　「減少複印移動時間」系統圖

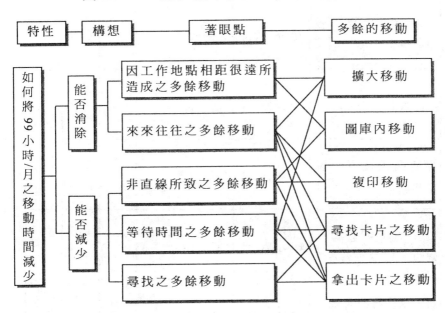

心得欄

- 123 -

表 5-1

對　　策	期待效果	主辦人	日　　程				
			2005 年				
			8 月	9 月	10 月	11 月	12 月
消除登上三樓之擴大移動	30 小時/月	北瀨崛口					
消除收存之移動	10 小時/月	島　　田					
改變擺設位置以減少移動	35 小時/月	北村加藤					
製作地工廠機種一覽表，以減少移動	10 小時/月	關　　南					
製作 AC 櫃位置圖以減少移動	15 小時/月	品管圈					
合　　計	100 小時/月						

案例（三）：

　　某公司每月電話費相當龐大，於是利用系統圖找尋對策，經過評價之後，選出可行的七個對策。如圖 5-6。

圖 5-6 「降低電話費用」系統圖

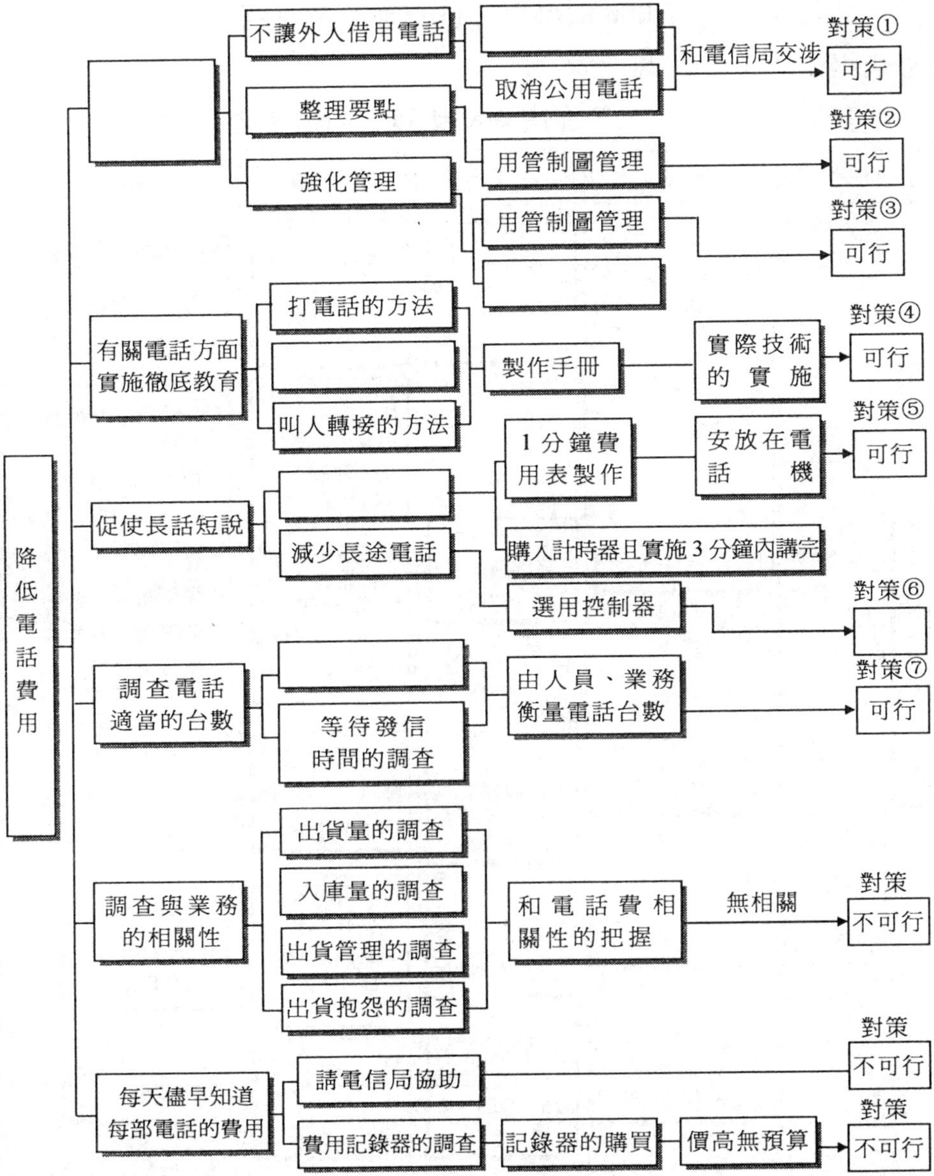

案例（四）：

　　某公司為提高 QCC 的參與，就管理上及實務上分析原因，然後提出對策。如圖 5-7。

圖 5-7 「提高 QCC 參與」的系統圖

問題	說明	改善前	改善方法	實效
提高 QCC 參與　（管理上）	部分主管不關心	1.單位多，溝通不易 2.現場未清楚 3.觀念	1.加強主管之間溝通 2.以統計資料即時傳遞 3.參與	·幹部間的聯繫 ·用統計表 ·全部主管參與活動
	教育不足	1.教育方式不完整 2.效果不彰	採用多種教育方式 1.QCC 研習會 2.訂雜誌、刊物教育 3.集中式教育 4.圈會示範競賽教育 5.舉辦夏令營、發表觀摩座談等活動之教育	·現場與管理等雜誌 ·舉辦 4 班次（200 人次） ·夏令營 1 次 發表會 20 次 觀摩會 17 次 座談會 2 次
提高 QCC 參與　（實務上）	活動不積極	1.欠長期計劃 2.欠多角化 3.太忙，不辦活動	訂年度活動計劃並追蹤執行，以達實效	
	會議欠實質化	1.舉辦圈會欠輔導 2.圈會不觀	1.圈會核對，記錄追蹤並提供意見 2.互相觀摩、競賽	每次 觀摩 2 次 競賽 4 次
	實施辦法未能瞭解	辦法不瞭解部分，必須請教於 QCC 委員會	修正辦法每人一冊，隨時翻閱	深入瞭解

案例（五）：

　　某通信公司的 M13 產品的單位缺點率為 17×10^{-5} 顧客常抱怨品質不佳，於是進行要因分析，認為設備效益差、材料有問題、相同問題一再發生、人為疏忽等為主要原因，接著利用系統圖來找尋對策，經實施後，單位缺點率降至 8×10^{-5}。

圖 5-8　「提升 M13 良品率」策略系統圖

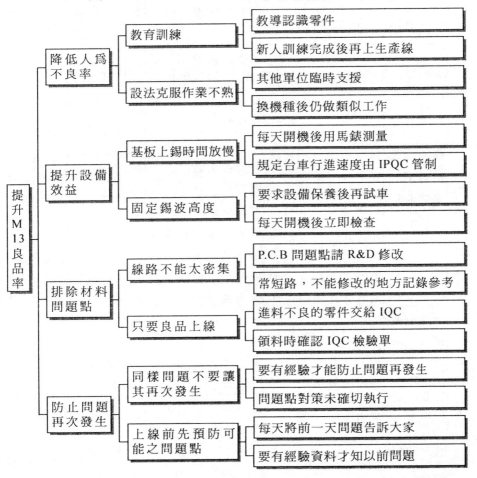

案例（六）：

某飼料製造廠的回收系統常發生卡料，於是進行探討原因，並針對所找到的要因思考對策，接著按效果、能力、經濟性加以評價，找出可行的對策。如表 5-2。

表 5-2 「回收系統卡的原因與對策」系統表

問題點	原因分析		對策思考方向	相關性評價			負責人	完成日期
	一次展開	二次展開		效果	能力	經濟性		
回收系統卡料	轉閥葉瓣和透視玻璃管卡料	回收料油油質含量高	主機壓鑄模下方之漏斗增設一吸風口	○	○	○	××	2/17
			檢視外加牛油之噴嘴有無異常	○	○	○	××	2/17
		旋風桶出口和玻璃管尺寸不配合	更換玻璃管規格	○	○	○	××	2/10
			更換玻璃管之上下固定座板尺寸	○	○	○	××	2/10
		旋風桶漏斗卡料	裝設氣錘	○	×	×	××	
		玻璃管束拆裝不便	玻璃管束由螺絲固定式改為後紐扣式	○	○	○	××	2/10
		轉閥下方漏斗變形	更換不銹鋼漏斗	○	○	○	××	2/3
		回收管路角度不佳	重新測量裝配	○	○	○	××	2/3
	回收管路積料	管路無偵測設備	增設測位計提前警示	○	○	○	××	2/8
	回收料多	粒度不佳	檢查模孔磨損程式	○	○	△	××	
		撥料刀磨損	定期檢查更換	○	△	○	××	
		配方更改	提供資料，反映給設計人員	△	△	○	××	

○：良好　　　　　　△：尚可　　　　　　×：差

案例（七）：

　　某食品公司的品管課為瞭解影響鹹蛋黃檢驗作業的因素，於是利用系統圖和關連圖來解析，整理如圖 5-9。

圖 5-9　「鹹蛋黃檢驗作業的影響因素」系統圖

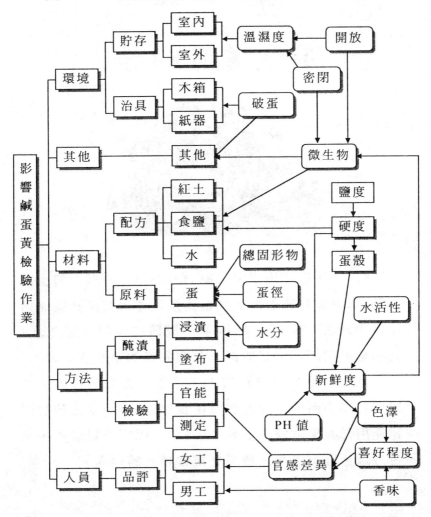

第 *6* 章

有效運用 KJ 法

　　KJ 法是日本川喜田二郎（KAWAKITA JIROU）博士於 1953 年將野外調查結果的數據予以整理時所研究開發出來的方法，是發現問題、解決問題的有效方法之一，其名稱取自川喜田二郎博士英文名字的第一個字母。

　　此法若用於企業管理上，可收到實際的效果。所以，日本企業的中堅幹部幾乎每個人對於 KJ 法的認識和運用都非常熟練。由於 KJ 法是一種客觀且優秀的統合方法，因此可毫無遺漏地統合複雜的要素。

一、KJ 法的基本定義

KJ 法是日本川喜田二郎(KAWAKITA JIROU)博士於 1953 年探險尼泊爾時，將野外調查結果的數據予以整理時所研究開發出來的方法，是發現問題、解決問題的有效方法之一，其名稱取自川喜田二郎博士英文名字的第一個字母。

此法本來用於人類文化方面，後來發現若用於企業的管理上，更可收到實際的效果。所以，日本企業的中堅幹部幾乎每個人對於 KJ 法的認識和運用都非常熟練。由於 KJ 法是一種客觀且優秀的統合方法，因此可毫無遺漏地統合複雜的要素。

KJ 法的優點如下：

1.從混淆不清的狀態中掌握語言資料，將其整合以便發掘問題。

2.打破現狀，產生新構想。

3.確實掌握問題的本質，讓有關人員明確地認識問題所在。

4.別人和自己的意見都被採納，可以提高全員參與意識。

由於 KJ 法是以集思廣益、共同協調來作決定，因此大家容易接受，實施起來效果也好，使得企業內部成為一個和諧愉快的工作場所。根據歸納，實施 KJ 法可以獲致下列的效果：

1.增強認清事實及發現問題的能力。

2.提高工作效率。

3.增強問題的解析能力。

4.提高員工士氣,增強團隊精神。

5.增強創新、思考、歸納統合的能力。

6.強化意見的溝通。

7.培養領導統禦人才。

KJ 法又稱親和圖法,該法能在混淆的狀態中找出問題點,並引導出解決的方案。簡言之,是把複雜而沒有頭緒的觀念或事實,依其相互間的親和性加以歸納統合,使這些觀念或事實之間的關係明朗化的手法。

KJ 法具有下述特質:

1. KJ 法是一種創造性的思考手法

所謂創造,是將本來零散存在的東西,有意義地加以統合,使具秩序性,而 KJ 法能完整地抓住看似無法歸納整理的許多事實,借著架構式的組織與統合,從而發掘出一些新的意義,因此,KJ 法可以稱是一種創造性的思考手法。以往的科學方法,具有分析和分類的能力,但對統合這個問題就無法解決了,KJ 法則具有統合的功能,可說是一種把不同性質的資料加以歸納整理的統合性手法。

2. KJ 法是一種組織化的手法

KJ 法能毫無遺漏地統合所有的資料或資訊,使之發揮相當可觀的相乘效果。因此,可以說是一種組織化的手法。經由團隊共同思考,集合眾人智慧,大家一起腦力激盪,然後以 KJ 法來統合歸納,可以產生眾志成城的效果。

3. KJ 法是一種哲學思想

KJ 法具有平等、自由、博愛的基本態度，由於強調捨棄自我約束的枷鎖，是為「自由」的哲學思想；由於不論意見好壞，全部接納並加以統合，是為「平等」的哲學思想。

川喜田氏在其《派對(PARTY)學》一書的前言中提及，生存在這個時代，任何人都要面臨三個基本命題：

(1)人要如何才能感受到生存的意義？

(2)人與人的心要如何才能相互溝通？

(3)人的創造性要如何才能開發？

這三個命題存在著密切而不可分的關係，必須視為一體來討論並加以解決，這也就是 KJ 法的哲學思想。

4. KJ 法是一種由體驗而產生的現場科學

早期的科學是「依靠文獻，著重推論」的書本科學，即象牙塔科學；後來演變為以假設為條件，透過實驗來觀察的實驗科學。處在現今這個複雜的環境裏，僅依靠文獻調整，或是在實驗室裏求證，已無法應付所需，必須走出室外，於是演變為現場科學，即所謂的臨床科學。企業界人士面臨著錯綜複雜且變化莫測的環境，極需要有一套方法來協助發現問題、解決問題，而 KJ 法由於有整合的功能，能彌補書本科學與實驗科學的不足，因此，成為企業界及學術界競相採用的手法。

二、KJ 法的應用技巧

在企業界，KJ 法可以適用於下列領域：

(一)使模糊不清的問題明朗化

KJ 法對於「朦朧、模棱兩可、不知道是怎麼回事，而且又不得不做」這類問題，能順利加以解決。大至經營目標的設定與全公司的戰略計劃的擬訂，小到日常的生產活動與行銷活動，都可用 KJ 法來解決。它常用於：

1.從事各種調查與預測：如市場調查、技術預測、員工士氣研究等。

2.制定企業政策：如設定企業的短中長期目標、規劃經營策略等。

3.從事企業診斷：如瞭解企業現況及發掘問題、瞭解管理的現況及找出管理瓶頸。

4.提高研究開發的效率：如確定研究發展的重要性，並決定研究主題、擬訂研究發展計劃。

5.提高各種改善計劃的效率：如確認改善的必要性及選定改善主題，瞭解現況及發掘問題所在，擬訂改善方案等。

(二)創造全員參與的企業環境

面臨多變的社會環境，企業為了生存，必須靠全體人員同心協力，全力以赴，才能克服所有困難。由於 KJ 法能集合眾人的智慧，因此能提高全體人員參與經營的意識。它常用於：

1.促進溝通與協調：如增進相關部門的協調，促進「上情
下達」、「下意上傳」。

2.運用在各種會議上。

(三)培育傑出的領導人才

認真地實踐 KJ 法，會讓人有成就感，於不知不覺中學會
領導統禦的技巧，因此可用於培育人才。

三、KJ 法的製作流程

在下列五種思考上，KJ 法是一種非常有效的方法：

1.確定應有的風貌形象。

2.確定根本問題所在。

3.歸納各種想法。

4.預測將來情況。

5.確定解決問題的方向。

從參與思考人員的多寡，可區分爲：

1.個人 KJ 法(One man KJ 法)。

主要由一人來進行，重點放在資料的組織化上。

2.團隊 KJ 法(group KJ 法)。

以數人爲一組來進行，重點放在團隊，即人的組織化上。
此方式由新力公司小林茂氏所開發出來，稱爲撲克牌法，簡稱
TKJ 法。此法由數人(6～7人)來進行，因此負擔較輕，時間也
可縮短，彼此間想法的差異可充分瞭解，原有觀念可破除，表

現也較豐富，同時也給人一體感與充實感。

KJ 法可分為六個主要流程：

1.決定主題。

2.彙集資料資訊。

3.填制卡片。

4.編組卡片。

5.繪製 KJ 圖。

6.把 KJ 圖寫成文章。

流程一：決定主題

通常較適合用 KJ 法來解決的問題為：

(1)資料不全，似懂非懂的問題；

(2)無論如何必須弄清楚的問題；

(3)需花點時間加以充分地審查、研究和瞭解的問題；

(4)事實混沌，想認清事實的問題；

(5)既成的方法概念，不知如何是好，想打破現狀時；

(6)解決對策相當複雜的困難問題；

(7)想告知其他許多人，讓大家都能瞭解的問題。

不適用 KJ 法來解決的主題如下：

(1)簡單的、靈機一動就可解決的問題；

(2)速戰速決、在一瞬間要下決定的問題。

流程二：彙集資訊資料

要從不同的角度廣泛地收集資料，不止是與主題有關者，似乎有關係的，也要加以收集。在時間、人力、資金許可的範圍內，顧及全體，不要過於簡略也不要過於繁瑣。

可用下列方法來收集資訊與資料：

(1)內省：探索自己內心深處與此主題有關的看法。

(2)回憶：回想以前經歷的成功或失敗的事例，作爲基本材料。

(3)直接觀察：親赴現場把握事實。

(4)間接收集：查閱文獻，或向知曉此主題的人請教。

流程三：填制卡片

這是 KJ 法的重要流程，實際上是與收集資料同時進行，即在獲取資訊時，馬上以最簡潔的文字逐項書寫在卡片上。

填制卡片的要領如下：

(1)使用具有獨立的、意思最清楚的句子。

(2)儘量用 5W1H 簡單明瞭地表達。

(3)每一項語言資料寫在一張卡片上。

(4)每張卡片以 20 字以內爲宜。

流程四：編組卡片

卡片填制完成後，接著就是編組了。編組是按下列流程來進行的：

(1)展開紙片。

用玩撲克的方法，將卡片排列於桌上。排列的方式不拘，以能容易閱讀爲原則。展開之後，從頭依次序，慢而仔細地閱讀，反覆閱讀 3～4 次，領會每張卡片意味著什麼真意。

(2)小組編成。

抽出那些讀起來覺得彼此親近的卡片，排放成一堆。如此持續作業，直到約三分之二的卡片被抽出。記住不可太勉強，

也不必強求文字的類似性，要依直覺上有親和感來收集歸類。如果抽出的張數太多，在 5 張以上時，要確實再檢查一下看是否太牽強，如果有的話再放回原位。

歸類好的小組，在其上面再加上一張不同顏色的名牌卡，並寫上與該小組有關的語言，然後用迴紋針夾住。名牌卡的文字要活潑生動，要有朝氣。如果遇到有些卡片無法歸類，不妨從頭核對，找到相似的就放在一起，真正無法歸類的，就單獨放一邊，不要把它胡亂硬編入那個小組。

(3)中組編成。

用與小組編成時的要領，作中組編成，並製成中名牌。

(4)大組編成。

以完全相同的要領，編成大組，持續至全部 10 組以下為止，並作成大名牌。此時或許有不屬於任何大組的卡片，不必勉強歸在那個大組，這種卡片稱為「一匹狼」（或單張）。

流程五：繪製 KJ 圖

繪成 KJ 圖又稱為 A 型圖解，亦即將已編組完成的卡片整理成一見即能瞭解的圖形。其流程如下：

(1)空間配置。

先把大組攤開在桌上，再重新看一遍每一張大名牌，流覽其間的關連，並前後左右或斜角移動其配置，適當作空間配置，直到感覺「這樣子最好」。

(2)展開。

大組配置妥當後，則將卡片攤開來，亦即展開隱藏在大名牌裏的內容。大組中的中組，中組中的小組，依次予以展開。

展開後，將卡片粘貼在壁報紙上，畫出其輪廓，並將其名牌貼上。小組、中組、大組的輪廓圈可用不同顏色的筆來畫。

(3)拉關係。

將各組的相互關係用記號表示。常用的關係符號請參閱第六節基本構成之(二)。

(4)寫標題與履歷。

在壁報紙上方的中間位置寫上標題，然後在右下角記入此圖製作日期、場所、資料來源及參加者姓名等履歷，此時，A型圖解即告完成。

進行 A 型圖解時要忠實地遵守流程，組與組之間要充分留取間隔，整張壁報紙所貼的卡片不要超過 100 張。

流程六：把 KJ 圖寫成文章

接下來是把 KJ 圖寫成文章，或是以口頭發表出來。文章化時，要讓人知道是敘述的或是解釋的；口頭發表則以 2～3 分鐘爲宜，並用最簡潔的詞句扼要說明。

在日本，10 法已被證實是一種統合眾人智慧、創新思考、溝通意見、培養人才、發現問題、解決問題的有效方法，但在使用時應注意下列事項：

1.在處理所提出的意見時，應有一個共識，就是：自由、平等、博愛。這三個要素缺一不可，若參與中有人相互歧視、嫉妒、討厭，這種方法就很難產生效果。

2.實施 KJ 法的主要目的是要能解決經營管理上的問題，但實施方式上則要顧全大局，協調所有相關人員的意見，並以生動有趣的方式實施，才可收到更大效果。

3.學習 KJ 法，要以「從型而入，由型而出」的態度，客觀地學習，主觀地活用，否則可能會落入一個框框與陳規中。

4.KJ 法首重實行，但切忌過於相信，一定要親自做，才能體會 KJ 法的精神。

5.短時間內要體會 KJ 法的要領，必須作密集式的訓練，由有經驗者當指導員，在訓練時儘量少講解，對參加者儘量不加限制，會場的氣氛一定要保持柔和。

6.要想將 KJ 法普及全公司，首先得自己學會，然後在各部門的重要部位培植能積極去推行的同事，造成穩固的核心，同時，要讓高階層的人瞭解 KJ 法的好處，並給予支援，這樣才能順利推行。

7.實施 KJ 法時，不能持先入為主的觀念，即不能先歸納大組，次歸納中組，再歸納小組。另外，在統合各組時，不能僅觸及表面意思而未深入到各組的核心，否則會使 KJ 法的效果大打折扣。

8.不要誤認為 KJ 法是一種雕蟲小技而不予重視。由於 KJ 法易懂，故有人誤認為是非科學的。

9.不要誤認為 KJ 法的實施是費時且不經濟，其實只要熟練，其所費時間並不多，只要幾十分鐘即可完成。

10.實施 KJ 法時，應具備下列態度：

(1)心平氣和、冷靜思考，不要急於獲得結論。

(2)耐心思考，要有突破問題的信心。

(3)忘卻自我，全神貫注與卡片對話，使自己深入卡片堆中。

(4)認真體驗，不要以漫不經心的態度對待它。

(5)貢獻自己無窮的腦力，且耐心聽取別人的意見。

四、KJ 法的應用實例

案例（一）：

某公司的士氣一直提不高，人員的流動率相當高，員工對公司已失去信心。人事課長於是召集廠內人員來尋找原因，整理成如圖 6-1 的 KJ 圖後，獲知主要的原因為：

1.上司昏昧。

2.上司愛心與關心不夠。

3.工作環境差。

4.待遇差。

5.制度不健全。

6.員工缺乏敬業精神與忠誠心。

案例（二）：

某工廠以 KJ 法來尋找工廠現場的問題，結果發現重要問題點為：

1.制程能力低。

2.效率低。

3.工程不良率高。

4.提案改善件數少。經過評價後，效率低為最迫切的問題點，於是著手改善。如圖 6-2。

圖 6-1 「士氣提不高」的 KJ 圖

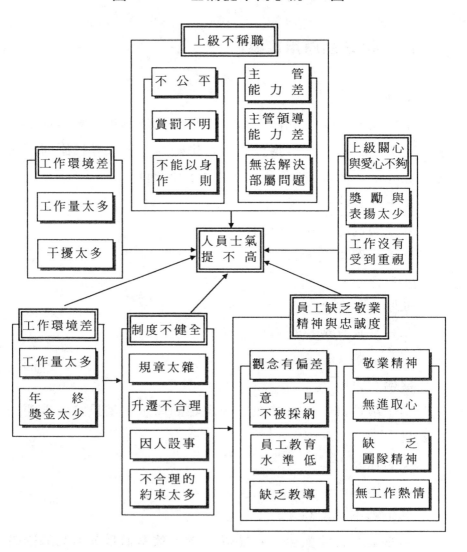

圖 6-2 現場現場問題點的 KJ 圖

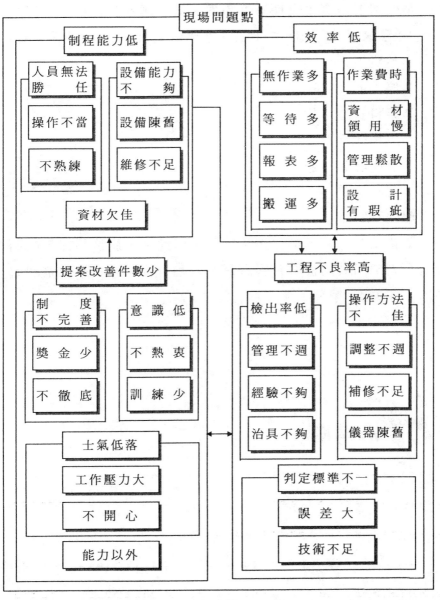

案例（三）：

某公司老是發生交期不準事件，屢受國外客戶抱怨，於是利用 KJ 法來尋找原因出自何處，整理結果如圖 6-3。主要原因：

1. 品質不合。
2. 停工。
3. 原料管理不佳。
4. 工作效率低。
5. 生產計劃不週。

案例（四）：

某食品公司爲計劃在新年度推出新產品，於是研究部門和行銷企劃部門共同檢討到底有那些產品可以開發，最後整理成如圖 6-4 的 KJ 圖。

心得欄 _____

_____

_____

_____

_____

_____

圖 6-3　「交期不準」的 KJ 圖

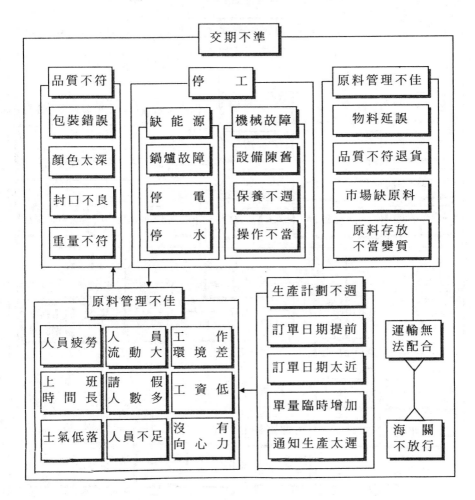

圖 6-4 「值得開發的食品」的 KJ 圖

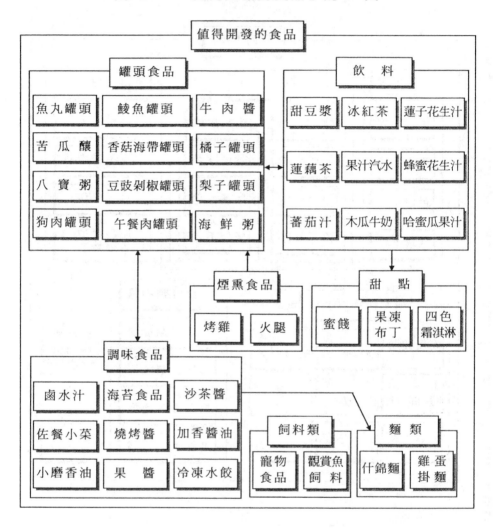

第 **7** 章

有效運用檢查表

　　檢查表就是將需要檢查的內容或項目一一列出來,然後定期或不定期的逐項檢查,並將問題點記錄下來的方法。它是最簡單,使用最多,用途最廣的一種品質管制手法。

　　檢查表廣泛應用,對管理工作幫助很大。「好記性不如爛筆頭」,作為執行組織方針政策的管理者,應事先將所查的內容或項目做成檢查表格,然後一個一個地檢查,又快又準又不遺漏。

一、檢查表的基本定義

檢查表就是將需要檢查的內容或項目一一列出來,然後定期或不定期的逐項檢查,並將問題點記錄下來的方法。它是最簡單,使用最多,用途最廣的一種品質管制手法。在工廠、學校、醫院、酒店、銀行、行政部門的日常管理中,檢查表都得到廣泛應用,對我們的管理工作幫助很大。若把檢查的內容裝在腦子裏,在檢查工作時常漏東落西,許多項目不是沒有檢查,就是忘記檢查。「好記性不如爛筆頭」,作為執行組織方針政策的管理者,應事先將所查的內容或項目做成檢查表格,然後一個一個地檢查,又快又準又不遺漏。也給下屬形成一種嚴謹的工作態度,而不是心血來潮,隨便查查,隨意性很強。

二、檢查表的應用技巧

檢查表包括:
(1)調查表(客戶滿意度調查表、民意調查表等)
(2)記錄表(IQC 檢驗記錄表、機器保養記錄表等)
(3)工程表(電子行業 QC 工程表、傢俱產品 QC 工程表等)
(4)考核表(員工考核表、幹部考核表、幹部晉升考核表等)
(5)檢查表(5S 檢查表、工業安全檢查表、內部審核表)
(6)診斷表(顧問診斷表,醫生診斷表等)
(7)問詢表(記者採訪問詢表,與某人溝通問詢表等)

(8)統計表(人口統計表、生產數量統計表、不良率統計表等)

(9)管製表(人員管製表、物料管製表、APQP 管制總表等)

檢查表是其他 QC 手法的起點。它雖然是一種既簡單又實用的工具,但在應用時應注意如下幾點事項:

1. **確定檢查的項目**

可參照同業的範例,在範例上作一些改進,也可多方論證,這樣可使檢查的項目不會遺漏。

2. **確定檢查的頻率**

是每小時檢查、每天檢查、每週檢查,還是每月檢查。

3. **確定檢查的人員**

應選擇有原則的人擔當,要鐵面無私地執行檢查工作。必要時,將檢查到的問題經過匯總後公佈。

三、檢查表的製作流程

1. 確定檢查對象;

2. 制定檢查表;

3. 依檢查表項目進行檢查並記錄;

4. 對檢查出的問題要求責任單位及時改善;

5. 檢查人員在規定時間內對改善效果的確認;

6. 定期總結,持續改進。

四、檢查表製作應注意事項

1.明確製作檢查表的目的。

2.決定檢查的項目。

3.決定檢查的頻率。

4.決定檢查的人員及方法。

5.相關條件的記錄方式，如作業場所、日期、工程等。

6.決定檢查表格式(圖形或表格)。

7.決定檢查記錄的符號，如：正 卌 、△、✓、○。

五、檢查表的應用

檢查表製作完成後，要讓現場工作人員(使用者)瞭解，並且進行在職培訓。使用檢查表時應注意下列事項並適時反映：

1.收集完成的數據應立即使用，並觀察整體數據是否代表某些事實？

2.數據是否集中在某些項目，而各項目間的差異如何？

3.某些事項是否因時間的變化而有所變化？

4.如有異常應馬上追究原因，並採取必要的措施。

5.檢查的項目應隨著作業的改善而變化。

6.現場的觀察要細心、客觀。

7.由檢查的記錄即能迅速判斷，採取行動。

8.檢查人員應明確指定，並使其瞭解收集數據的目的及方

法。

9.收集的數據應能獲得整體的情報。

10.數據收集後，若發現並非當初所設想的，應重新改善後再收集。

11.檢查的項目、週期、計算單位等基準應一致，才能進行統計分析。

12.儘快將結果呈報需要報告的人員，並使相關人員也能知道。

13.數據的收集應注意樣本獲取的隨機性與代表性。

14.對於過去、現在及未來的檢查記錄，應適當保存，並比較其差異性。

15.檢查表完成後可利用柏拉圖加以整理，以便掌握關鍵問題。

六、檢查表的應用實例

案例(一)：教育訓練資料準備狀況檢查表(班主任用)

如表 7-1 所示。

表 7-1

項　目	開訓	××	××	××	××	××	××	××	結業
照　相　機	√								√
班主任證書	√								
名　　片	√	√	√	√	√	√	√	√	√
課本或講義	√	√	√	√	√	√	√	√	√
隨堂測驗考卷		√	√	√	√	√	√	√	
班主任職責投影片	√								
課程管理辦法投影片	√								
課程進度表	√	√	√	√	√	√	√	√	√
簽　到　表	√	√	√	√	√	√	√	√	√
課程工作日報表	√	√	√	√	√	√	√	√	√
學員履歷卡	√	√	√	√	√	√	√	√	√
學員通信錄	√	√	√	√	√	√	√	√	√
出勤統計表	√	√	√	√	√	√	√	√	√
成績統計表		√	√	√	√	√	√	√	√
顏色標籤	√	√	√	√	√	√	√	√	√
四　色　筆	√	√	√	√	√	√	√	√	√
電　　腦	√	√	√	√	√	√	√	√	
全勤獎狀									√
結業證書									√

案例（二）：堆高車年度保養檢查表

表 7-2 堆高車每年自動檢查記錄表

檢查日期： 年 月 日

組件	檢查明細	檢查結果	改善建議	改善期限	備註
引擎系統	1.水箱、潤滑油是否滴漏				良好○ 尚可△ 不良×
	2.空氣濾清器是否良好				
	3.啓動運轉是否良好				
	4.油壓是否正常				
	5.分電盤接點是否磨損，情況是否嚴重				
	6.噴油嘴是否阻塞損傷				
	7.調速器是否靈活				
電器及儀表	1.電線接頭有無鬆弛，外皮是否有破損				
	2.照明燈光度是否適度				
	3.電流錶指示燈是否正常				
	4.交換器、溫度錶、油壓表作用是否良好				
	5.後視鏡、喇叭作用及音量是否正常				
	6.照明燈、刹車燈是否正常				
輪軸系統	1.輪胎有無割傷，磨損程度及氣壓是否適度				
	2.鋼圈有無變形割傷				
	3.固定螺絲是否鬆脫				
離合器	踏板間隙及撥杆作業是否良好				
刹車	1.手刹車引力及踏板校驗是否良好				
	2.管路油量有無滴漏				

續表

方向盤	靜止時方向盤是否在空擋			
升 壓 系 統	1.油管、油壓泵、操作活門、升壓油缸有無滴漏			
	2.液壓油是否過量？有無滴漏？橡皮管有無破損			
	3.撥叉有無變形及不合攏現象			
改善追蹤結果				

批准：　　　　　審查：　　　　　檢查員：

案例（三）：電視機故障投訴狀況檢查表：

表 7-3　電視機故障投訴狀況檢查表

檢查者：　　　　　　　　　　　　　　　2008 年 7 月

檢查項目 ＼ 期間 ／ 數目		4 月	5 月	6 月	合 計
畫 面	沒有畫面				46
	沒有色彩				9
電 波	天線老舊				30
	天線方向				82
沒有聲音					15
其 他					21
合 計		73	67	63	203

案例（四）：5S 活動檢查表

表 7-4　5S 活動檢查表

名稱	項目	檢查內容
作業台/椅子	整理	①不用的作業台、椅子也放在現場 ②雜物、私人物品藏放在台墊下面 ③當天不用的材料、設備、夾具堆放在臺面上 ④材料的包裝袋、盒用完後仍放在臺面上
	整頓	①材料未用托盒裝起，散放在臺面上 ②臺面上下的各種電源線、信號線、壓縮空氣管道亂拉亂接 ③作業台椅子尺寸大小不一、高低不平、五顏六色有礙觀瞻 ④作業台、椅子缺少標識，不知道屬於那一個工序
	清掃	①破損、掉漆之處沒有修補 ②有灰塵、髒汙之處 ③材料餘碴、碎屑殘留在臺面 ④表面乾淨，裏邊和後邊髒汙不堪
貨　架	整理	①現場到處都有貨架，幾乎變成臨時倉庫 ②貨架大小與擺放場所的大小不相適應，或與所擺放之物不相適應 ③不用的雜物、設備、材料都堆放在上面
	整頓	①擺放的物品沒有識別管理，除了當事者之外，其他人一時難於找到 ②貨架太高，或物品堆積太高，不易拿取 ③沒有按「重低輕高」的原則擺放
	清掃	①物品連外包裝在內，一起放在貨架上，清掃困難 ②只掃貨物不掃貨架 ③有灰塵、髒汙之處

續表

通　道	整理	①彎道過多，機械搬運車輛通行不便 ②行人通道和貨物通道並混而用 ③作業區與通道混在一塊
	整頓	①未將通道位置畫出 ②被佔爲他用，如作爲材料擺放區 ③部分物品超出通道未有警告標識 ④凹凸不平，水泥沙礫時有暴裂脫落，人員、車輛不易通行
	清掃	①灰塵多，行走過後有鞋印 ②有積水、油污、紙屑、鐵屑等 ③有些物品從搬運車輛上滴、漏、散在過道上
設　備	整理	①現場有不使用的設備 ②殘舊、破損的設備有人用沒人維護 ③效率低下的設備仍在勉強運作
	整頓	①野蠻操作設備的行徑 ②設備佈局不合理，運作能力不能滿足生產要求 ③沒有定期保養和校正，精度有偏差 ④危險之處缺乏人身安全保護裝置
	清掃	①有灰塵、髒汙之處 ②有生銹、褪色之處 ③各種標識無法清晰分辨
辦公台	整理	①辦公台多過作業台,幾乎所有管理人員都配有獨立辦公台 ②每張台都有一套相同的辦公文具，未能共用 ③辦公臺面乾淨，抽屜裏邊雜亂無章

辦公台	整頓	①現場辦公台設置位置主次不分 ②辦公台用作其他用途 ③臺面辦公文具、通信工具沒有定位
	清掃	①臺面髒汙，物品擺放雜亂無章，並且已有積塵 ②共用辦公文具，通信工具汙跡明顯 ③台下辦公垃圾多日未倒
文件、圖紙	整理	①沒有定點擺放，四處都有，真正要用的又不能及時找出 ②各種新舊版本並存，分不清孰是孰非 ③過期的仍在使用 ④無關人員也持有文件和圖紙
	整頓	①未能分門別類，也沒有用文件櫃、文件夾存放 ②接收、發送未記錄或留底稿 ③文件沒有管理，任人閱讀 ④個人隨意複印留底
	清掃	①文件櫃、文件夾汙跡明顯 ②未有防潮、防蟲、防火措施
洗手間	清潔	①用來堆放雜物 ②排水、換氣、照明設施不全 ③缺乏定期消毒處理 ④男女不分，時常弄出令人尷尬的場面
門　窗	清潔	①任憑破爛，不能擋風遮雨，從未有人修繕 ②亂貼亂畫，視線不佳 ③汙跡明顯，無人擦洗 ④無扣無鎖，任人自由出入

續表

人　員	修養	①著裝佩戴不符規範，不倫不類
		②待人接物缺乏禮貌，舉止粗暴，惡語相向
		③不遵守公司之《規章制度》
		④缺乏時間觀念，不守約定
		⑤缺乏公德心，只做損人利己的事
		⑥上班時間精神不振，眼睛紅腫
		⑦看到地面上有一團垃圾，順腳一踢，踢到流水線下或某個陰暗角落裏
		⑧不良品混入良品一起退回倉庫
		⑨將痰吐在地面上不擦去。
		⑩當著上司或同事的面打哈欠，伸懶腰
		⑪休息時間將鞋子脫掉
		⑫辦公室人員一邊翹二郎腿一邊用手指在桌上彈「鋼琴」，嘴裏還哼著小調或吹口哨
		⑬ 上班時間偷偷吃零食，上司來就閉著嘴，拼命做事

心得欄 --

案例（五）：某電子廠制程異常分析表

表 7-5

序號	問題點	不良原因分析	解決對策
1	耐壓不良	1.配線受擠壓或配線之接觸面毛邊造成配線保護層被擊穿刺破	1.理順配線或去除接觸面之毛邊
		2.管腳保護不佳造成被點焊渣粘附或潮濕	2.控管腳處理，對於受潮所致不良採用試燒處理
		3.保險絲末端的端子外露	3.加強套管或作業動作改善
		4.插接配線錯誤	4.依作業標準書要求作業
		5.部品原不良（配線、電源線）	5.拆換不良品退料
2	無功率	1.恆溫器保險絲不導通	1.拆換退料
		2.配線插接錯誤	2.依作業標準書要求執行作業
		3.配線電源線原不良或其端子打接不良所致	3.原不良拆換退料，端子打接不良重新打接修復
		4.打接不良	4.拆換退料
		5.電熱管不導通	
3	接地不通	1.螺絲未鎖緊造成接觸電阻過大	1.改善作業品質
		2.地線、電源線本身或端子打接不良	2.更換或返修
		3.儀器不良	3.反饋校正檢修
		4.作業者作業動作不對	4.依作業標準執行作業改善

續表

4	溫度不良	1.恒溫器原不良或規格用錯	1.查核更換
		2.作業動作不規範造成在作業過程中作業搖晃恒溫器而變形	2.依作業標準作業並作好自互檢動作
		3.鎖台不平整或粘有其他塗料	3.作業時確實做好自、互檢動作之執行
		4.螺絲未鎖緊造成恒溫器與鎖台平面架空	4.氣鑽扭力控制自互檢動作執行
		5.部品本身設計問題	5.針對 EU 恒溫器的使用必須確實執行先插接後鎖固的作業方式
5	保險絲短路（燒壞）	1.恒溫器功能失控	1.查核拆換並檢查接線方式
		2.電壓使用錯誤	2.110V 誤用及 220V 調整修復
		3.電阻規格用錯	3.更換
6	錯　位	1.孔之活動空間不均造成	1.整形及更換處理
		2.部件變形所致	2.採用整形或更換處理
		3.作業方式不對造成鎖固不平衡	3.作業方法的輔導及自互檢工作
7	平　穩　度	1.下蓋腳架成型偏差或下殼變形	1.加強整形工序的管制，生產線加墊腳墊克服
		2.測試治具不平整（玻璃變形）	2.用厚的玻璃並作檢測
		3.作業動作不對	3.作業者測試時應將雙手按產品對角，兩手不可上下振動

- 160 -

續表

8	內有異物	1.部品設計或成型不良造成卡榫或澆道口毛邊掉落	1.反饋技術改善、成型改善
		2.作業過程物料掉落	2.制程中要求管制
		3.衝壓點脫落(電熱盤)	3.反饋源頭管制
9	螺絲扭力不夠，滑　牙	1.氣鑽扭力過大，作業者作業技能不佳	1.加強作用者作業技能輔導訓練，依標準調整氣鑽扭力
		2.鎖固之孔徑偏大	2.反饋源頭管制，制程中可採用更換螺絲規格克服(依技術要求)
10	色　　差	1.部品單體塗裝不均勻造成單體局部色差	1.確認樣品挑選使用不良品退料
		2.各種不同部品之間的色差	2.依具體狀況配套使用，對輕度色差經品管確認後再進行處理，不良品退料
		3.嚴格執行配套管制	3.生產線確實執行配套使用
		4.補漆與塗裝件之間造成色差	4.生產前先做好補漆的調色
11	內配線電源　　線	1.材質、規格不符合要求	1.嚴格依客戶要求查核管制
		2.耐壓不良、無功率、接地不導通	2.生產線加強檢測動作
		3.加工品質不良(長度、尺寸)	3.依技術要求進行查核確認
12	缺角、毛邊、破裂	1.成型或修邊管制不佳造成	1.依具體情況確認挑選使用
		2.搬運不良	2.督導各環節愛惜保護
13	印刷不良	1.附著力不夠，作業方式不正確所造成	1.確認可否使用
		2.印刷內容不符	2.嚴禁使用

續表

14	銘版、規格版浮貼	1.背膠不良	1.更換或停止使用
		2.貼附面不淨或作業者的手不乾淨	2.採用清潔劑清洗乾淨
		3.毛邊、顆粒未修	3.前加工處理粘附面之不良
		4.作業動作不標準	4.加強作業方法的輔導、查核
15	次品	作業者工作品質的強化	1.教育訓練
			2.自互檢工作的要求
16	電源線拉力不足	1.物料確實依BOM表之規格進行使用	1.資料的核查確認,若不能達到拉力要求需要對策改善
		2.不同機種換線注意首件的檢測	2.首件品質之確認
		3.作業動作需依作業標準書的要求執行作業	3.注意作業方式的查核

心得欄

案例（六）：工作改善檢查表

表 7-6　工作改善檢查表

序號	檢查內容
01	是否有什麼方法可以替代現有的產品，而有相同的效果
02	是否有可以不必做這種工作，就能獲得相同的結果
03	有沒有比較簡單的方法來做
04	有沒有比較快的方法來做
05	有沒有比較愉快的方法來做
06	採用方式可否延長它的使用壽命
07	有沒有更安全的方法來做
08	有沒有更健康的方法來做
09	有沒有更舒適的方法來做
10	有沒有更加清潔整齊的方法來做
11	能不能設計一個工裝夾具來提高其工作效率
12	有沒有更快捷的途徑來做
13	用其他方法是否更有效
14	有沒有更便宜的方法來做
15	外觀是否可做得更有吸引人或更美觀
16	是否可以作為其他用途
17	是否能使它變為多種用途
18	是否可加點什麼來提高其價值
19	是否可以跟其他東西一起發展
20	包裝的方式是否可以改良
21	還有沒有其他什麼方法可加以改良

案例（七）：某房地產公司客戶滿意度調查表

表 7-7 客戶滿意度調查表

姓　名		性　別		出生年月		文化程度		籍　　貫	
工作單位 及 職 務						家庭人口		家庭收入	
通訊位址								電　話	

1. 主體建築品質　　　□很滿意　□滿意　□較滿意　□不滿意　□很不滿意

2. 戶型設計品質　　　□很滿意　□滿意　□較滿意　□不滿意　□很不滿意

3. 裝修品質　　　　　□很滿意　□滿意　□較滿意　□不滿意　□很不滿意

4. 價　格　　　　　　□很滿意　□滿意　□較滿意　□不滿意　□很不滿意

5. 其他配套設施品質　□很滿意　□滿意　□較滿意　□不滿意　□很不滿意

6. 物業管理滿意度　　□很滿意　□滿意　□較滿意　□不滿意　□很不滿意

7. 社區文化滿意度　　□很滿意　□滿意　□較滿意　□不滿意　□很不滿意

8. 客訴處理滿意度　　□很滿意　□滿意　□較滿意　□不滿意　□很不滿意

9. 緊急事故處理滿意度　□很滿意　□滿意　□較滿意　□不滿意　□很不滿意

10. 與其他樓盤比較的滿意度

　　　　　　　　　　□很滿意　□滿意　□較滿意　□不滿意　□很不滿意

（註：很滿意 10 分，滿意 8 分，較滿意 6 分，不滿意 4 分，很不滿意 2 分）

綜合評分：

您對本公司樓盤與服務品質改進建議：

簡要分析：

註：請在「□」中打「✓」

案例（八）：某 IT 企業員工考核表

表 7-8　員工考核表

薪　號			姓　名		職　務		職　等	

評核要項			等級說明
一	工作效益	1	進度超前，提前完成所有任務
		2	所有工作均能按時完成
		3	85%的工作能夠按時完成
		4	偶有拖欠現象，只有 70%的工作能夠按時完成
		5	30%以上的工作不能按時完成
二	工作品質	1	工作細緻，精益求精，完成品質高
		2	品質意識較好，完成品質高
		3	能遵循品質規範作業，瑕疵少
		4	未能遵守作業規範並造成一批次之重檢
		5	對品質管理有抵觸行為或造成二批次以上之重檢
三	配合度	1	分內工作不僅不需任何跟催，分外工作亦能主動幫助完成
		2	絕對服從主管任何指令，毫不計較，並能全力以赴
		3	對一些指令雖非樂意，但仍肯服從，並能盡責做好
		4	對某些工作分配有抵觸，並發生不服從指令之現象
		5	出現二次以上不服從主管指令之現象
四	出勤狀況	1	本月滿勤且無遲到、早退現象
		2	本月請假半天以內，且無遲到、早退現象
		3	本月請假滿一天，或者遲到、早退累計達到一次
		4	本月請假滿二天
		5	本月請假二天以上，或者遲到、早退累計二次（含）以上

五	責任感	1	責任感相當強,敢於承擔責任,可以充分信賴,無須任何督促
		2	可獨身負責,處事穩健,僅須略加督促
		3	基本上可以信任,但須偶爾督促
		4	處事被動,不積極,必須有人經常加以督促
		5	缺乏責任感,推諉卸責
六	品德言行	1	忠誠廉潔,言行誠信,表裏如一,足為楷模
		2	品性良好,言行舉止得當,為人誠實可信
		3	品性言行尚屬正常,並能潔身自愛
		4	涵養欠佳,言行隨便,偶有違紀行為
		5	自我為重,言行偏激,心口不一
七	守法精神	1	奉公守法,堪為同事之楷模
		2	能致力遵守規則,服從主管
		3	尚能守法,但偶有鬆懈
		4	守法精神欠佳,有待加強教育
		5	法紀觀念差,易影響週圍同事,須常加注意
八	學習能力	1	對新指示,新方法迅速瞭解,進步神速,自我發展慾望強
		2	具有學習研究精神,且能抓住重點,進步較一般人為快
		3	有普通之學習能力
		4	須耐心說明後方能瞭解,未能堅持自我學習、提高
		5	反覆說明仍難瞭解,只能做單調無變化之工作

續表

九	身體狀況	1	身體強壯，精力過人，能吃苦耐勞，可以超強度工作
		2	身體健康，精力尚可，足可應付現任工作
		3	身體狀況適中，偶有不適，但不至於對現任工作產生影響
		4	身體較弱，應付現任工作感到吃力
		5	體弱多病，經常病假，堅持正常工作有困難
十	實踐能力	1	經驗豐富，富實幹精神，動手能力強
		2	有實踐經驗，動手能力可，能夠處理稍困難之工作
		3	經驗一般，只能處理最普通之問題
		4	對目前所擔任的工作顯得經驗不夠
		5	沒有實踐經驗，動手能力差，需強化教育

合計得分　　×10分＋　　×8分＋　　×6分＋　　×4分＋　　×2分＝

核准欄	主管評語欄	
	本月工作表現評語	發展趨勢考評

	初考： 覆考：	提拔重用	平級調用	原級留用	降級使用

案例（九）：品管部內部審核表

表 7-9　品管部內部審核表

序號	審核內容
1	如果需要，是否有特定產品、項目或合約，如果有，是否制定了品質計劃
2	是否制訂了接收準則，計數值抽樣計劃的接收準則是「零」嗎？如果不是，是否經顧客批准
3	對影響產品實現的變更，對變更產品的結果是否進行了評價、驗證和確認
4	組織是否確認了需要實施的監視和測量？是否提供了監視和測量的裝置？這些裝置是否符合產品測量的要求
5	監控和測量裝置在使用前是否進行了校準或驗證，這些校準或驗證能否追溯至國家或國際標準？這些記錄是否被維持？校準報告是否有偏離規範的讀數記錄
6	當發現監控和測量裝置不符合規定要求時，是否對以往測量結果的有效性進行評價和記錄
7	組織是否對控制計劃規定的測量設備進行測量系統分析？分析的結果如何
8	測量系統分析是否採用MSA參考手冊規定的內容與方法？如果顧客要求，是否採用了顧客規定的測量系統分析方法
9	是否有內部實驗室？實驗室是否符合有關的技術要求，如實驗室程序、實驗室人員、實驗室能力等
10	對組織無法試驗的項目，可委託外部實驗室，外部實驗室是否符合ISO 17025要求或得到國家認可
11	在產品實現過程的那些階段對產品的特性實施監控與測量？比如：來料、過程和最終產品？產品測量和監控的記錄是否被維持

12	產品在全部測量完成後，是否經過有關授權人員批准後才放行
13	是否按控制計劃規定頻次進行全尺寸檢驗與功能測試
14	全尺寸檢驗是否進行了設計記錄所有零件尺寸的完整測量
15	是否有來料檢驗、過程檢驗、最終檢驗的規範或標準？這些規範的合理性如何？能否有效地指導檢驗作業
16	在什麼情況進行緊急放行？緊急放行是否有權貴人員批准
17	當出現重大的品質事故時，品質部是否有停止生產的權利？品質部開具過《停工生產單》嗎？組織是否制定了不合格品控制的書面程序
18	對於不合格品，採取了那些處理方式？不合格品被糾正後是否進行重新驗證
19	爲避免類似不合格品再次發生，是否採取了糾正措施
20	對於讓步使用的不合格品如何控制？是否經過顧客同意
21	當不合格產品在交貨或開始使用後被發現，是否根據其影響採取了適當行動
22	返工產品有控制嗎？如何控制？返工作業指導書相關人員是否得到
23	當產品或過程與目前已經被顧客批准的產品或過程不同時，是否向顧客報告並取得顧客同意
24	組織是否形成糾正措施的書面程序？有無規定採取糾正措施的時機與步驟？糾正措施的記錄是否被維護？糾正措施的有效性如何
25	是否制定了預防措施的書面程序？有無規定採取預防措施的時機與步驟？目前組織採用了那些預防措施？效果如何
26	是否對顧客退回產品進行試驗/分析，如何分析？分析之後是否及時報告顧客

27	退回產品分析的資料是否被保存
28	產品放行、產品交付和產品交付後的活動是否實施控制？是如何控制的
29	是否對產品的系統、子系統、零件或材料的各層次制定了控制計劃？對生產散裝材料的過程是否制定控制計劃
30	是否有試產控制計劃和量產控制計劃？如果有設計責任，是否有樣件的控制計劃？這些控制計劃得到很好的執行嗎
31	當出現過程不穩定或過程能力不足時是否採用了指定的反應計劃？這些採取的反應計劃效果如何
32	當有任何的變更影響到產品、過程、測量、運輸、供應來源或變更FMEA時，是否重新評審和更新控制計劃
33	當顧客要求時，更新後的控制計劃是否提交顧客評審與批准
34	在控制計劃中規定的統計技術，組織是否在應用，是如何應用的
35	品管部的品質目標及實現目標的措施是什麼？現在目標實現程度如何
36	品管部是否定期地對本部門的工作進行了分析與總結？針對工作中存在的問題是否採取過糾正或預防措施？有什麼效果
37	品管部是否規定了收集那些數據？這些收集的數據有分析嗎？對分析的結果是如何應用的？是否用於持續改進
38	本部門是通過什麼方式進行持續改進？效果如何？持續改進是否包含產品特性、過程參數、價格、服務等
39	本部門的下一步打算做那方面的改進

案例（十）：輔導認證需求表

表 7-10 輔導認證需求表

公司全稱		TEL		FAX	
地　　址				聯　絡　人	
總　經　理				成立日期	
主要產品				產業類別	
銷售地區	□美　　□歐　　□大陸　□東南亞　□澳　　□非 □中東　□全球　□其他				
員工人數		管理人員數		廠房面積	

管理人員 素　　質	博士	碩士	大學	專科	中專	高中	初中	小學	其他
人數分佈									

公司組織架構 及其他資料	□組織架構圖　□公司簡介　□產品目錄　□其他
先前接受其 他輔導記錄	□不曾受輔導　□曾受輔導①輔導項目＿＿＿＿＿＿ 　　　　　　　　　　　　　②輔導單位＿＿＿＿＿＿
導入實施動機	□強化管理體質　　　　　　□客戶要求 □同業已通過認證或正導入　□其　他
預定輔導 之　項　目	□ISO9000　　□ISO14000　□QS9000　　□TS16949 □OHSAS18000　□績效管理　□數據庫的建立和管理 □不良率降低之輔導　　□到廠講課　□其　他
希望通過 認證之單位	□BSI　□SGS　□DNV　□TUV　□U1　□其他

續表

預計推行 導入之時間	年　　月起至　　年　　月止，共計　　個月
希望通過 認證之時間	①最快希望於　　年　月前　②最遲應於　　年　月前
是否制訂品質 手冊、程序文件	□有制訂　　　　　□不完整　　　　　□尚未訂定
備　　　註	

填表人：　　　　　　　　　　　　　填表日期：年　　月　　日

心得欄 --------------------------------------

案例(十一)：APQP 管制總表

表 7-11　APQP 管制總表

產品型號		客戶名稱		編制部門			產品圖號		
產品名稱		圖紙版本		制定日期			修訂日期		

序號	工作項目	負責單位	負責人	預計日期	完成日期	輸出描述	確認
第一階段：計劃和確定項目							
1	提出產品開發構思	市場部/設計					
2	新產品開發申請	設計				新產品開發申請表	
3	提出設計任務書，規定設計目標、品質目標	設計				新產品開發任務書	
4	成立APQP小組						
5	新產品可行性評估	APQP小組				新產品可行性評估表	
6	制定新產品開發計劃	設計				APQP管制總表	
7	APQP小組可行性承諾	APQP小組				APQP小組可行性承諾表	
第二階段：產品設計和開發							
1	產品圖紙設計	設計					
2	樣件圖紙發行	設計					
3	制定特殊特性/重要特性清單	APQP小組				特殊特性/重要特性清單	

4	制定初始零件清單	設計/物流/財務			初始零件清單 BOM	
5	實施DFMEA分析/DFMEA檢查	APQP小組			DFMEA分析表/檢查表	
6	樣品控制計劃/檢查表	設計/物流			控制計劃表	
7	新增設備、試驗設備、工裝清單/檢查表	設計/物流/生產			新增設備/工裝/實驗設備清單	
8	設計初期評審	APQP小組			設計初期評審表	
第三階段：樣機生產與過程(技術)設計開發階段						
1	樣機材料訂購、樣機製造	設計/生產/物流				
2	樣機檢驗、確認	設計/品質			成品檢驗報告 台架試驗報告 道路試驗報告 (試裝報告，追蹤報告)	
3	小批試製圖紙發行	設計/文控				
4	制定初始技術流程圖/檢查表	生產			初始過程流程圈檢查表	
5	實施PFMEA/PFMEA檢查	生產			PFMEA表/檢查表	

續表

6	制定試產控制計劃/檢查表	品質				控制計劃表	
7	制定生產場地平面佈置圖/檢查表	生產				生產場地平面佈置圖/檢查表	
8	制定物流圖	生產				物流圖	
9	制定測量系統分析計劃	品質				測量系統分析計劃	
10	制定初始過程能力研究計劃	品質				初始過程能力研究計劃	
11	制定包裝規範/包裝圖	設計/生產/物流				包裝規範/包裝圖	
第四階段：產品和過程確定							
1	材料零件訂購、外協加工	物流					
2	試產前會議	APQP小組				會議記錄	
3	小批試製生產	設計/生產/品質/物流				試產問題與對策表	
4	試產檢驗	品質				成品檢驗報告	
5	測量系統分析	品質				重覆性與再現性報告	
6	量產控制計劃/檢查表	品質				控制計劃表	
7	制定生產件保證書	品質				生產件保證書	
8	外觀核准報告	品質				外觀核准報告	
9	正式生產技術流程圖制定	生產				正式過程流程圖	

續表

10	直方圖研究報告、初始過程能力分析(PPK)報告	品質			直方圖PPK報告	
11	PPAP資料準備	APQP小組				
12	設計工程變更	設計			工程變更通知單	
13	新產品設計定型鑒定	APQP			新產品設計定型鑒定表	
第五階段：量產						
1	控制圖製作、CPK值計算	品質			控制圖／CPK報告	
2	量產總結報告	品質			總結報告	

心得欄 --

第 *8* 章

有效運用層別法

　　層別法又叫分層圖，是品管所有手法中最基本的概念，是統計方法中最基礎的管理工具，它將大量有關某一特定主題的觀點、意見或想法按組分類，將收集到的大量的數據或資料按互相關係進行分組，加以層別。

　　通過層別法，可以將雜亂無章的數據歸納為有意義的類別，將事物處理得一清二楚，一目了然，這種科學的統計方法可以彌補靠經驗靠直覺判定管理的不足。

一、層別法的基本定義

　　層別法又叫分層圖，是品管所有手法中最基本的概念，是統計方法中最基礎的管理工具，它將大量有關某一特定主題的觀點、意見或想法按組分類，將收集到的大量的數據或資料按互相關係進行分組，加以層別。

　　通過層別法，可以將雜亂無章的數據歸納爲有意義的類別，將事物處理得一清二楚，一目了然，這種科學的統計方法可以彌補靠經驗靠直覺判定管理的不足。

　　在日常生活中，運用層別法的例子比比皆是，如我們買衣服會貨比三家，除了將顏色、款式等進行比較外，一定會進行價格比較，然後層別，決定是否購買。又如清朝的科舉考試的擇優錄用，分狀元、榜眼、探花，也是一種層別。

　　品質管理，必須確定項目，然後定期地收集數據並層別分類，進行科學的分析判斷。在工廠，運用層別法必須以大量的數據爲前提，用數據說話，依據所獲取的數字資訊進行層別比較，找出問題之所在。ISO 9001 八大原則之第七大原則告訴我們：以事實作爲決策之依據。事實是什麼？從某種意義上說，事實就是數據，運用數據分析解決品質問題，這也是現代品質管理的精髓之一。

二、層別法的應用技巧

　　在應用上，層別法可單獨使用，並且可以捕捉到問題點。也可以跟其他。C 手法結合使用，且效果更佳，如與柏拉圖同時使用，既可將某一主題的數據層別清楚，又可找到關鍵或重要的問題，便於抓住重要的少數和有用的多數。

　　另外，層別的對象應具有可比性，這樣更容易發現問題點。如同一班組生產不同的產品，對相同的產品或不同的產品進行層別分析，可以發現產品存在的品質問題。

　　層別法例如：

　　1.班別：早班、中班、夜班。

　　2.作業員別：工齡別、年齡別、教育程度別、性別等。

　　3.部門別：技術部、市場部、工程部、生產部、品管部、行政部、採購部、物控部、財務部等。

　　4.制程別：遙控電動玩具制程、線控電動玩具制程、普通塑膠玩具制程、搪膠玩具制程、吹氣玩具制程、樂器玩具制程等。

　　5.機械設備別：機台別、機型別、生產廠家別、新舊別等。

　　6.時間別：小時別、日別、週別、旬別、月別、日夜別、季節別等。

　　7.作業條件別：溫度別、濕度別、壓力別、作業時間別等。

　　8.原材料別：五金類、塑膠類、電子元件類、包裝材料類等。

9. 測量別：測量儀器別、測量人員別、測量方法別等。

10. 檢查剔：檢查人員別、檢查方法別、檢查場所別等。

三、層別法的製作流程

1. 確定研究的主題，如：

(1) 各行業的收入水準

(2) 工廠各班組的績效

(3) 不同產品之報廢數量

(4) 某學校學生考試成績

(5) 管理層的收入高低

(6) 各城市居民消費指數

2. 製作表格並收集數據

(1) 數據的真實性

(2) 數據的及時性

(3) 數據的代表性

3. 將收集的數據進行層別，使人一目了然。

4. 比較分析，對這些數據進行分析，找出其內在或外在的原因，確定改善之項目。

四、層別法使用應注意事項

1. 實施前，首先確定分層的目的，如：不合格率分析、效率的提高、作業條件確認，等等。

2.檢查表的設計應針對所懷疑的對象而設計。

3.數據的性質分類應清晰詳細記載。

4.依各類可能原因加以分層，以找出真正原因所在。

5.分層所得的結果應與對策相連接，並付諸實際行動。

五、層別法的應用實例

案例（一）：某五金塑膠廠 12 月 8 日成品抽驗不良統計表

表 8-1　成品抽驗不良統計表

產品代號：HJ-018				本日產量：2.3萬				日期：2月18日	
時間 不良項	8：00	9：00	10：00	11：00	12：00	14：00	15：00	16：00	17：00	小計
彎　曲	4	22	3	2	4	8	6	1	0	50
黏　合	10	20	32	5	8	8	5	6	15	109
毛　刺	2	2	6	5	6	o	8	2	4	35
斷　裂	5	7	2	9	1	4	o	2	1	31
披　鋒	1	0	2	3	1	2	0	0	1	10
劃　傷	1	2	1	0	0	0	1	2	1	8
爆　裂	2	5	1	3	4	0	1	2	0	18
髒　汙	0	2	4	1	2	3	0	1	3	16
電啞色	1	3	0	1	3	2	4	0	0	14
裂　紋	0	1	3	2	4	0	1	2	1	14
小　計	26	64	54	31	33	27	26	18	26	305

層別後獲取的資訊：

1.本日不良數最高的是粘合不良，計 109PCS，其次是彎曲。不良數最低的是劃傷，計 8PCS。

2.本日時間段之 9：00 產生的不良數最多，計 64PCS。

注意事項：

1.應明確不良數由誰記錄並統計。

2.部下統計完成後要立即將此報表交給上司審核。

3.此表反映的是一天的不良數和某時間段的不良數，主管應及時對數據進行分析，以免貽誤時機。

4.上司巡線時要關注這份報表，並隨時瞭解不良原因及不良程度。

5.上司應要求下屬將不良品分類放置，必要時以標籤標識之。

案例（二）：各城市製造業從業人員月平均收入分層統計表

爲掌握製造業從業人員月平均收入情況，從 A、B、C、D、E、F、G、H、I、J 等十個城市抽取了 1000 個樣本，做出如下統計表。

表 8-2　從業人員月平均收入分層統計表

年份	1989	1990	1991	1992	1993	1994	1995	1996	1997	1998	1999	2000	2001	平均數
A	352	389	405	442	480	520	580	596	700	780	900	980	1100	632
B	320	377	398	430	487	520	560	600	720	820	980	1050	1250	654
C	413	450	480	525	580	640	750	800	880	950	1100	1240	1380	783
D	420	482	528	596	646	758	883	990	1050	1300	1450	1550	1600	938
E	415	457	489	532	590	655	760	810	890	980	1120	1200	1320	786
F	302	312	335	360	420	462	496	620	730	820	998	1100	1380	641
G	305	318	324	358	409	420	505	607	708	830	940	1120	1280	624
H	320	380	410	448	490	540	570	592	708	782	901	980	1110	633
I	305	315	362	350	410	428	456	507	580	670	705	815	900	523
J	300	315	367	340	380	407	440	489	520	580	624	680	750	476

層別後獲取的資訊：

　　1. 13 年來製造業從業人員月平均工資最高的城市是 D 城市，其次是 C 城市；

　　2. 13 年來製造業從業人員月平均工資增加最快的是 D 城市、F 城市、G 城市。

案例（三）：某電子廠 A 產品與 B 產品制程不良層別統計表

表 8-3　A 產品制程不良層別統計表

班別：電熨斗班　　　產品類型：A　　　總產量：2萬　　　時間：12月

日期 不良項目	1	2	3	4	5	6	7	8	9	10	11	小計
耐壓不良	5	22	1	4	3	9	10	1	0	5	2	42
無 功 率	11	22	30	12	5	8	5	5	48	20	15	181
溫度不對	1	2	4	5	2	3	1	0	5	8	2	33
燈 不 亮	4	5	2	3	1	4	0	2	1	5	3	30
脫　　漆	1	0	2	3	1	2	0	0	1	5	2	17
劃　　傷	1	2	1	0	0	0	1	2	1	1	1	10
小　　計	23	33	40	27	12	26	17	10	56	44	25	313

表 8-4　B 產品制程不良層別統計表

班別：電熨斗班　　　產品類型：B　　　總產量：2萬　　　時間：12月

日期 不良項目	12	13	14	15	16	17	18	19	20	21	22	小計
耐壓不良	3	4	3	2	8	1	4	5	2	1	3	36
無 功 率	2	1	1	4	1	1	1	6	1	2	2	22
溫度不對	12	18	20	21	25	18	30	31	19	11	18	223
燈 不 亮	2	3	4	5	2	1	2	3	6	1	2	31
脫　　漆	0	1	1	0	1	1	0	1	2	1	1	9
劃　　傷	0	1	2	2	1	1	2	1	1	1	2	14
小　　計	19	28	31	34	38	23	39	47	31	17	28	335

層別後獲取的資訊：

1.同一班組在同一個月內生產的兩種產品，且產量都是 2萬，其中 A 產品不良數 313PCS，不良率為 1.57%，B 產品不良數 335PCS，不良率為 1.68%。

2. A 產品不良數最高的項目是無功率，計 181PCS，而 B產品不良數最高的項目是溫度不對，計 223PCS。

3. OA 產品的無功率跟 B 產品的溫度不對是重點分析的項目。

注意事項：

1.確定主題，然後針對主題去收集數據，如本主題是對 A產品與 B 產品進行層別比較。

2.要求下屬收集數據時，要給予具體的工作指導，由於是上司指導，部屬容易接受且會認真去完成。

3.上司應監督數據的真實性，不要虛假數據，並對提供虛假數據者予以處罰。

4.應說明統計的不良是一次性不良，而不是修理後二次或三次不良，這是完全不同的。

5.上司審閱報表時，用色筆將重點問題圈出，並作簡要批示，以引起下屬注意。

排行榜是一張典型的層別統計表。此表依名次排列，一目了然。

案例（四）：因果圖層別舉例

圖 8-1

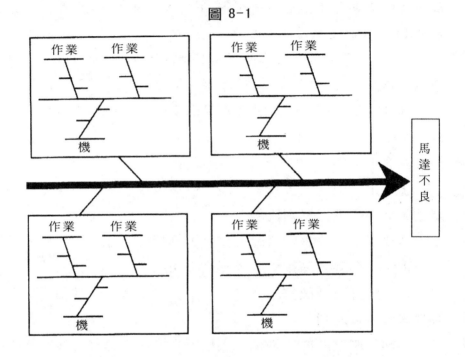

马達不良

心得欄

案例（五）：直方圖層別舉例

圖 8-2

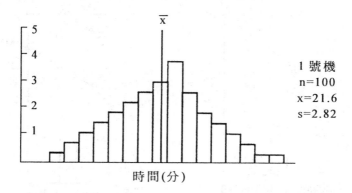

1 號機
n＝100
x＝21.6
s＝2.82

時間(分)

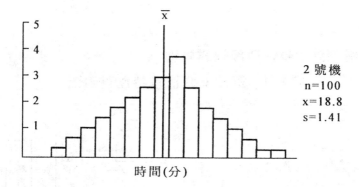

2 號機
n＝100
x＝18.8
s＝1.41

時間(分)

案例（六）：柏拉圖的層別

圖 8-3　改善前、改善後的柏拉圖

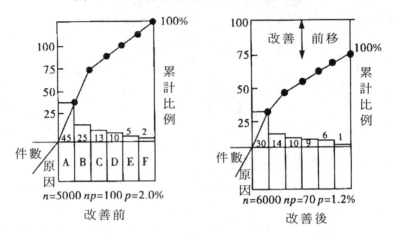

案例（七）：特性要因圖的層別

圖 8-4　鑄件不合格率特性要因圖

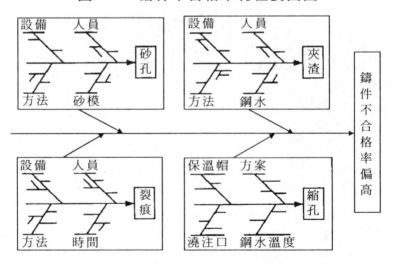

第 *9* 章

有效運用散佈圖法

　　在日常管理中，一些現象和結果似乎存在某種內在聯繫，似乎又不存在，似乎關係較緊密，又似乎關係不緊密，但這個感覺有時會產生錯誤的判定，如果我們收集兩個變數的數據（至少 20 組以上），並描繪在坐標系上，情況則一目了然，且很容易判斷原因真假。這種圖形叫做「散佈圖」，也有人稱之為「相關圖」。

一、散佈圖法的基本定義

在日常管理中，我們總感覺到一些現象和結果似乎存在某種內在聯繫，似乎又不存在，似乎關係較緊密，又似乎關係不緊密，但這個感覺有時會產生錯誤的判定，如果我們收集兩個變數的數據（至少 20 組以上），並描繪在坐標系上，情況則一目了然，且很容易判斷原因真假。

將因果關係所對應變化的數據分別描繪在 x-y 軸坐標系上，以掌握兩個變數之間是否相關及相關的程度如何，這種圖形叫做「散佈圖」，也有人稱之為「相關圖」。

二、散佈圖法的應用技巧

如果我們要瞭解它們的關聯與關聯程度，必須借助品質管制手法之一的散佈圖來描繪它。散佈圖一般有下列四種，分別是：

1.正相關：當變數 x 增大時，另一個變數 y 也增大。
相關性強，馬力與載重的關係；
相關性中，如收入與消費的關係；
相關性弱，如體重與身高的關係。
2.負相關：當變數 x 增大時，另一個變數 Y 卻減少。
相關性強，如投資率與失業率的關係；

相關性中，如舉重力與年齡的關係；

相關性弱，如血壓與年齡的關係。

3.不相關：變數 x(或 y)增大時，另一變數 Y(或 x)並不改變。

如氣壓與溫度的關係。

4.曲線相關：變數 x 開始增大時，y 也隨著增大，但達到某一值後，則當)C 值增大時，y 反而減少，反之亦然。

如記憶與年齡的關係。

應用散佈圖時注意事項：

(1)是否有異常點，當有異常點出現時，請立即尋找原因，而不能把異常點刪除，除非已找出異常的原因。

(2)由於數據的獲得常常因爲作業人員、方法、材料、設備和環境等變化，導致數據的相關性受到影響。在這種情況下需要對數據獲得的條件進行層別，否則散佈圖不能真實地反映兩個變數之間的關係。

(3)依據技術經驗，可能認爲沒有相關，但經散佈圖分析卻有相關的趨勢,此時宜進一步檢討是否有什麼原因造成假相關。

(4)數據太少時，容易造成誤判。

三、散佈圖法的製作流程

1.確定要調查的兩個變數，收集相關的最新數據，至少 30 組以上。

2.找出兩個變數的最大值與最小值,將兩個變數描入 x 軸與 y 軸。

3.將相對應的兩個變數,以點的形式標上坐標系。

4.記入圖名、製作者、製作時間等項目。

5.判讀散佈圖的相關性與相關程度。在製作散佈圖時,應注意以下事項:

(1)兩組變數的對應數至少在 30 個以上,最好 50 個,100 個最佳。

(2)找出 x、y 軸的最大值與最小值,並以 x、y 的最大值及最小值建立 x、y 座標。

(3)通常橫坐標用來表示原因或引數,縱坐標表示效果或因變數。

(4)散佈圖繪製後,分析散佈圖應謹慎,因為散佈圖是用來理解一個變數與另一個變數之間可能存在的關係,這種關係需要進一步的分析,最好作進一步的調查。

四、散佈圖的正確辨識

1.**正相關**(點子自左下至右上分佈者),如下圖:

圖 9-1

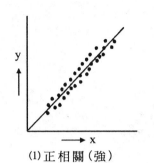

(1)正相關（強）

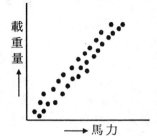

例：馬力與載重量的關係(相關性強)

(2)正相關（中度）

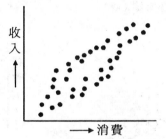

例：收入與消費的關係(相關性中)

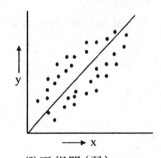

(3)正相關（弱）

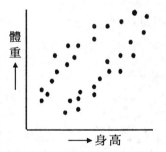

例：體重與身高的關係(相關性弱)

2. **負相關**（點子自左上至右下分布者），如下圖：

圖 9-2

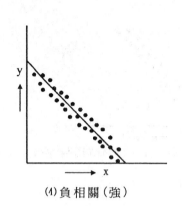

(4)負相關（強）

例：投資率與失業率的關係(相關性強)

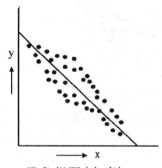

(5)負相關（中度）

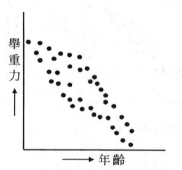

例：舉重力與年齡的關係(相關性中)

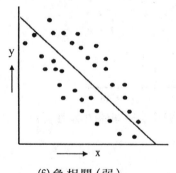

(6)負相關（弱）

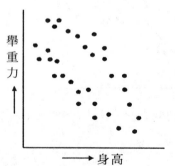

例：血壓與年齡的關係(相關性弱)

3.**無相關**（點子分佈無向上或向下傾向者）：

① x 與 y 之間看不出有何相關關係。

② x（或 y）增大時，y（或 x）並不改變。

以上兩種情形均稱之爲無相關，如下圖：

圖 9-3

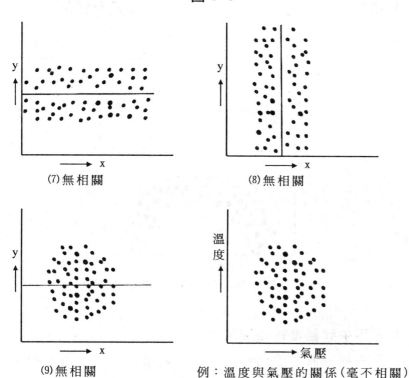

(7)無相關　(8)無相關

(9)無相關　例：溫度與氣壓的關係（毫不相關）

4.**曲線相關**（點子分佈不是呈直線傾向，而是彎曲變化者）

x 開始增大時，y 也隨之增大，但達到某一值後，則當 x 值增大時，y 反而減少，反之亦然，稱爲曲線相關。如下圖：

圖 9-4

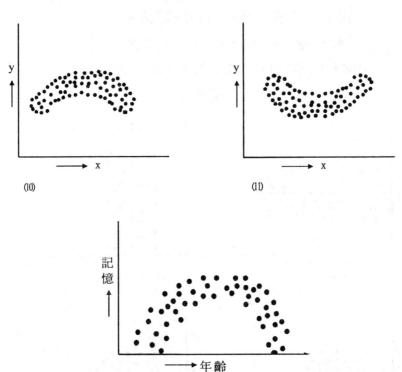

(10)　　　　　　　　　　　(11)

例：記憶與年齡的關係（曲線相關）

5. 利用中間值進行相關研判

在前四種分佈形態仍然沒有辦法判斷的時候，可以利用中間值來研判。這種方法不需要用複雜的公式計算，也不需畫特別的圖形，只要算出圖上的點有多少，然後比較就可以判斷了。它的步驟有三點：

(1)求出中間值

所謂求出中間值，就是將對應數據按大小順序排列，取出

中間值。

(2)在散佈圖上畫出中間值線

求出中間值畫出橫軸和縱軸的平行線各一條，如此把散佈圖分爲四個象限，然後計算各象限的點數。如下圖：

圖 9-5

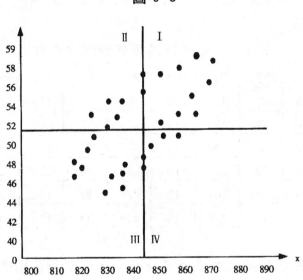

(3)作比較判斷

計算好了各象限點數之後，如果其左下及右上的象限(第Ⅲ及第Ⅰ象限)表示直線的正方向，左上及右下的象限(第Ⅱ及第Ⅳ象限)表示直線的負方向。正方向的點數和(n1＋n3)與負方向的點數和(n2＋n4)，如各佔 1/2，表示無直線關係；若正方向點數和遠大於負方向點數和時，表示正直線關係；若正方向點數和遠小於負點數時，表示負直線關係。

五、散佈圖法的應用實例

案例（一）：馬達連續運轉時間與速度散佈圖

　爲確認馬達連續運轉之後，速度是否發生改變，經試驗獲得以下數據。

表 9-1　馬達連續運轉時間與速度

時間	速度	時間	速度	時間	速度	時間	速度	時間	速度
1	330	7	325	13	250	19	210	25	171
2	320	8	285	14	244	20	204	26	165
3	308	9	300	15	237	21	197	27	159
4	311	10	270	16	231	22	191	28	151
5	304	11	264	17	225	23	185	29	145
6	297	12	257	18	218	24	178	30	133

　此散佈圖顯示出馬達運轉時間與速度呈強負相關的關係。

圖 9-6

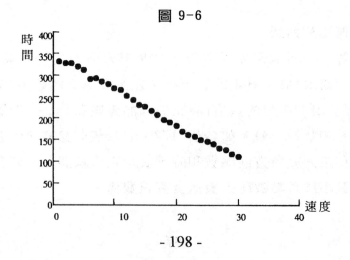

案例（二）：添加劑的重量和相應的產出率散佈圖

表 9-2　添加劑的重量和相應的產出率

序號	添加劑（g）	產出率	序號	添加劑（g）	產出率
1	8.7	88.7%	16	8.4	89.4%
2	9.2	91.1%	17	8.2	86.4%
3	8.6	91.2%	18	9.2	92.2%
4	9.2	89.5%	19	8.7	90.9%
5	8.7	89.6%	20	9.4	90.5%
6	8.7	89.2%	21	8.7	89.6%
7	8.5	87.7%	22	8.3	88.1%
8	9.2	88.5%	23	8.9	90.8%
9	8.5	86.6%	24	8.9	88.6%
10	8.3	89.6%	25	9.3	92.8%
11	8.6	88.9%	26	8.7	87.2%
12	8.9	88.4%	27	9.1	92.5%
13	8.8	87.4%	28	8.7	91.2%
14	8.4	87.4%	29	8.8	88.2%
15	8.8	89.1%	30	8.9	90.4%

圖 9-7

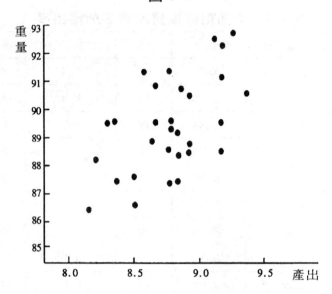

心得欄

第 *10* 章

有效運用直方圖法

　　直方圖是針對某產品或過程的特性值,利用常態分佈(也叫正態分佈)的原理,把 30 個以上的數據進行分組,並算出每組出現的次數,再用類似的直方圖形描繪在橫軸上。通過直方圖,可以將雜亂無章的數據,解析出其規則性,也可以一目了然地看出數據的中心值及數據的分佈情形。

一、直方圖法的基本定義

直方圖是針對某產品或過程的特性值，利用常態分佈（也叫正態分佈）的原理，把 30 個以上的數據進行分組，並算出每組出現的次數，再用類似的直方圖形描繪在橫軸上。通過直方圖，可以將雜亂無章的數據，解析出其規則性，也可以一目了然地看出數據的中心值及數據的分佈情形。

在製造業，現場的管理幹部經常都要面對許多數據，這些數據大多來自製造加工過程的抽樣測量得到，對於這些凌亂的數據，如果製作成直方圖，並借助對直方圖的觀察，可以瞭解產品品質分佈的規律，知道其是否變異，並進一步分析判斷整個生產過程是否正常，問題點在那裏，為研究過程能力提供依據。

很多人認為柱狀圖就是直方圖，這是錯誤的，它們之間有很大的差別，柱狀圖是利用推移的原理，只反應過去每期或每類別項目的狀況比較；而直方圖是利用正態分佈原理，反映整個時期的品質分佈狀況，從中找出可能存在的問題。

二、直方圖法的應用技巧

1.計算過程能力，作為改善制程的依據

從過程中所收集的數據經整理成為次數分配表，再繪成直方圖後，就可由其集中或分散的情形來看出過程的好壞。直方

圖的重點在於平均值（$\bar{x}$），經整理後的分配如爲正態分配，則自拐點中引出一橫軸的平行線，可得到表現差異性的標準差（σ）。良好的過程是平均數應接近規格中心，標準差則越小越好。

2.計算產品不合格率

在品質改善循環活動中，常需計算改善活動的前、中、後不合格率，用以比較有無改善效果。其不合格率可直接從次數分配表中求得，也可從直方圖中計算出來。

例如，某產品的重量直方圖如圖示，其規格爲(35±3)g。

由圖與規格界限比較，可知在規格下限以下的有 35 件，超出規格上限的有 64 件，合計有 99 件，佔總數 307 件的 32.25%，即不合格率爲 32.25%。

3.觀察分佈形態

由直方圖的形狀，得知過程是否異常。

圖 10-1　某產品重量直方圖

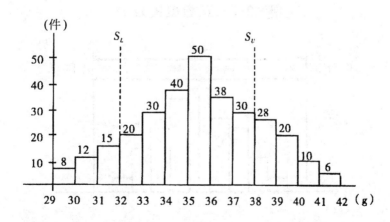

4.用以制定規格界限的數據

在未定出規格界限之前，可依據所收集的數據編成的次數分配表，計算次數分配是否為正態分佈。如為正態分佈時，則可根據計算得到的平均數與標準差來定出規格界限。一般而言，平均數減去 3 個標準差得規格下限，平均數加上 3 個標準差則得規格上限；或按實際需要而制定。

5.與規格或標準值比較

要瞭解過程能力的好壞，必須與規格或標準值比較。一般而言，希望過程能力（直方圖）在規格界限內，且最好過程的平均值與規格的中心相一致。

⑴滿足規格

①理想型。過程能力在規格界限內，且平均值與規格中心一致，平均數加減 4 個標準差為規格界限。過程稍有變大或變小都不會超過規格值，是一種最理想的直方圖，表示產品良好，能力足夠。

圖 10-2　理想型直方圖

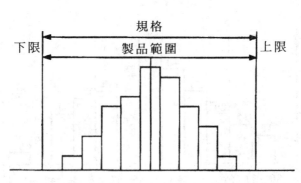

②一側無餘地型。產品偏一邊，則另一邊還有很大餘地，若過程再變大(或變小)很可能會有不合格品發生，必須設法使產品中心值與規格中心值吻合才好。

圖 10-3　一側無餘地型直方圖

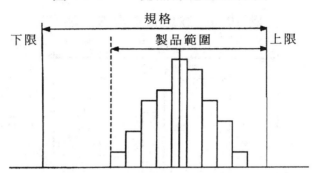

③兩側無餘地型。產品的最大值與最小值均在規格內，但都在規格上下限兩端，表示其中心值與規格中心值吻合；雖沒有不合格品發生，但過程稍有變動就會有不合格品產生的危險，要設法提高產品的精度才好。

圖 10-4　兩側無餘地型直方圖

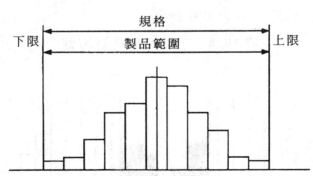

④餘地太多型。實際制程在規格界限內，但兩邊距規格界限太遠。亦即產品品質均勻，變異小。如果此種情形是因增加成本而得到，對企業而言並非好現象，故可考慮縮小規格界限或放鬆品質變異，以降低成本、減少浪費。

圖 10-5　餘地太多型直方圖

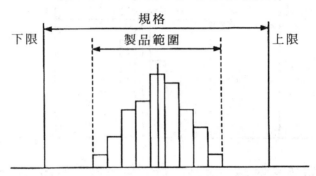

⑵**不滿足規格**

①平均值偏左（或偏右）。如果平均值偏向規格下限並伸展至規格下限左邊，或偏向規格上限並伸展至規格上限的右邊，但產品呈正態分佈，即表示平均位置有偏差，應針對固定的設備、機器、原料等方向去追查。

圖 10-6　不滿足規格直方圖

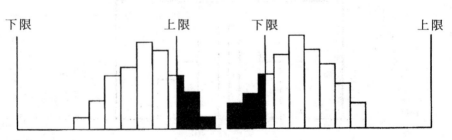

②離散度過大。實際產品的最大值與最小值均超過規格值，有不合格品發生（斜線部份），表示標準太大，過程能力不足，應針對變動的人員、方法等方向去追查，要設法使產品的變異縮小；或是規格定得太嚴，應放寬規格。

圖 10-7　離散度過大直方圖

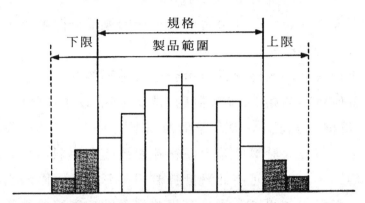

③完全在規格外。表示產品的生產完全沒有依照規格去考慮，或規格訂得不合理，根本無法達到規格。

圖 10-8　完全在規格外直方圖

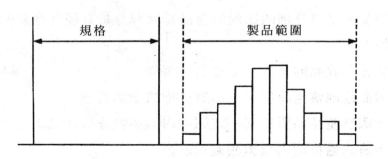

6.調查是否混合兩個以上的不同群體

如果直方圖呈現雙峰形態，可能混合了兩種不同群體，亦即過程爲兩種不同群體，比如兩個不同班級、不同生產線、不同材料、不同操作人員、不同機台等，生產出來的產品混合在一起。此時，需將其分層，將不同班級、不同生產線、不同材料、不同操作人員、不同機台製造出來的產品分開堆放，以便找出造成不合格的原因。

7.研判設計時的控制界限可否用於過程控制

計量值控制圖如 $\bar{X}-R$ 控制圖，當 σ 未知，以 $\bar{\bar{X}}$ 作爲中心線，$\bar{\bar{X}}+A_2$ 作爲控制上限，$\bar{\bar{X}}-A_2\bar{R}$ 作爲控制下限，$(\bar{X}-R)$ 作出設計的控制界限。將每天計算的結果點繪在設計控制界限內，若未呈現任何規則，一般即可將此設計控制界限延伸爲實際的過程控制界限。但是，如果產品本身有規格界限時，應將所收集的數據列次數分配表，並繪成直方圖。當此直方圖如在規格界限內，才可將此控制界限作爲控制過程用。

通過直方圖的應用可以達到如下目的：

(1)瞭解品質分佈的狀況，對品質狀況分析有極其重要的參考價值；

(2)顯示波動的形態，知道其是否變異；

(3)直觀地傳達有關過程品質分佈情況的資訊；

(4)觀察產品品質在某一時間段內的整體分佈狀況；

(5)研究過程能力或預測過程能力；

(6)求分配的平均值和標準值；

(7)調查是否混入兩個以上的不同群體；

(8)測知是否有虛假數據(比如凹凸不平的直方圖所收集的數據可能是假的);

(9)制定產品的規格界限。

下面的五個圖例可以幫助我們理解直方圖對過程(工序)能力的判斷,請參考。

圖 10-9　過程能力剛好　**圖 10-10　過程能力比規格好得多**

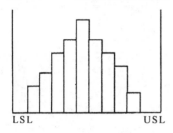 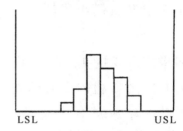

圖 10-11　中心偏左的過程能力 圖 10-12　中心偏右的過程能力

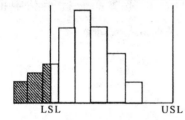 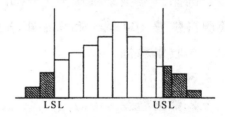

圖 10-13　分散度過大的過程能力

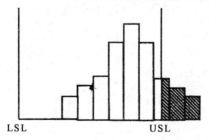

三、直方圖法的製作流程

(1)收集同一類型的數據;

(2)計算極差(全距);

(3)設定組數;

(4)確定測量最小單位;

(5)計算組距;

(6)求出各組的上、下限值;

(7)計算出各組的中心值;

(8)製作頻數表;

(9)按頻數表繪製出直方圖。

例如為考核某齒輪尺寸的品質水準,隨機在一批產品中抽樣測得數據 100 個,此產品規格為:24.5±6.0mm。

1.收集數據

(見表 10-1,單位 mm)

2.算出極差

$Xmax = 30.0$　　　　　　$Xmin = 17.4$

$R = Xmax - Xmin = 30.0 - 17.4 = 12.6$

表 10-1 收集數據

1	2	3	4	5	6	7	8	9	10
22.1	23.4	22.6	27.7	22.9	23.7	24.5	21.3	24.7	21.2
25.8	24.5	23.2	21.3	21.6	24.1	24.8	17.4	21.9	20.3
23.9	24.6	24.3	22.7	24.6	26.7	30.0	26.0	23.1	24.6
22.8	21.8	22.6	24.0	25.1	22.4	19.3	23.9	23.6	21.5
25.0	23.6	24.9	24.8	26.4	23.9	26.6	18.3	23.2	25.3
21.7	25.0	23.5	21.7	24.3	27.2	29.0	25.0	23.8	22.3
22.2	28.0	24.6	21.6	25.2	24.8	26.7	27.6	28.5	25.8
24.6	25.3	22.6	27.5	25.5	24.8	24.6	23.8	18.8	19.9
25.1	24.8	22.6	26.6	24.1	25.0	23.4	20.6	21.3	26.3
22.9	24.4	21.5	23.1	23.4	28.9	22.4	20.1	26.2	26.4

3. 設定組數

表 10-2 設定組數

數 據 總 數	50~100	100~250	250以上
組　　　　數	6~10組	7~12組	10~20組

在這裏我們選定 10 組，每組 10 個數據。

4. 確定測量最小單位（按小數點的位數來決定）

(1)整數位測量最小單位爲 1，如果數據是 50 或 100 時，那麼它的測量最小單位爲 1。

(2)小數點 1 位時，測量最小單位爲 0.1，如果數據爲 1.5 或 50.8 時，那麼它的測量最小單位爲 0.1。

(3)小數點 2 位時，測量最小單位爲 0.01，如果數據爲 1.05 或 50.85 時。那麼它的測量最小單位爲 0.01。本組數據有 1 位小數點，所以本組的測量最小單位爲 0.1。

5.計算組距（h）

h＝（R÷10）＝（12.6÷10）＝1.26≈1.3，取 1.3；

6.求出各組的上、下限值

(1)第一組下限值＝17.4－（測量最小單位÷2）＝17.4－（0.1÷2）＝17.35

(2)第二組下限值（第一組上限值）＝17.35＋1.3＝18.65

具體的上、下限值如下：

第一組：17.35～18.65

第二組：18.65～19.95

第三組：19.95～21.25

第四組：21.25～22.55

第五組：22.55～23.85

第六組：23.85～25.15

第七組：25.15～26.45

第八組：26.45～27.75

第九組：27.75～29.05

第十組：29.05～30.35

7.計算中心值

組中心值＝（組上限值＋組下限值）÷2

第一組中心值＝（17.35＋18.65）÷2＝18.00（以此類推）

8. **製作頻數表**（如下表）：

表 10-3　製作頻數表

組別	組距上下限值	中心值	頻數表
1	17.35～18.65	18.00	2
2	18.65～19.95	19.30	3
3	19.95～21.25	20.60	5
4	21.25～22.55	21.90	16
5	22.55～23.85	23.20	20
6	23.85～25.15	24.50	29
7	25.15～26.45	25.80	12
8	26.45～27.75	27.10	8
9	27.75～29.05	28.40	4
10	29.05～30.35	29.70	1

9. **按頻數表畫出直方圖**（如下圖）

圖 10-14

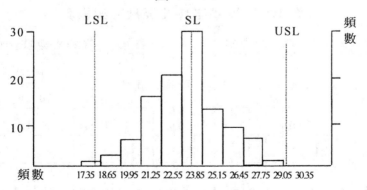

10.制程直方圖

此直方圖屬正態分佈,服從統計規律,可認定過程較穩定。

四、使用直方圖時應注意事項

1.異常值應去除後再分組。

2.從樣本測量值推測群體形態,直方圖是最簡單有效的方法。

3.應取得詳細的數據資料(如何:時間、原料、測量者、設備、環境條件等)。

4.進行過程管理及分析改善時,利用層別方法能更容易找出問題的癥結,對於品質的改善,有事半功倍的效果。

五、直方圖法的應用實例

案例(一):某汽車配件廠 5 號零件孔徑直方圖

表 10-4　5 號零件孔徑尺寸記錄表

工廠:×××　部門:生產部										工序:打孔				工程規範:5.0±0.6					小計
機器編號:059 日期:9月28日									特性:孔徑					樣本容量/頻率:　10/1H					
個數	1	2	3	4	5	6	7	8	9	10	11	12	13	14	15	16	17	18	19	20	
上	5.9																				
限	5.8																				

續表

	5.7																		
	5.6																		
上限	5.5	▲																	1
	5.4	▲	▲																2
	5.3	▲	▲	▲															3
	5.2	▲	▲	▲	▲	▲													5
	5.1	▲	▲	▲	▲	▲	▲	▲											7
中心值	5.0	▲	▲	▲	▲	▲	▲	▲	▲	▲	▲	▲	▲	▲					13
	4.9	▲	▲	▲	▲	▲	▲	▲	▲										8
	4.8	▲	▲	▲	▲	▲													5
	4.7	▲	▲																2
下限	4.6	▲	▲																2
	4.5	▲																	1
	4.4	▲																	1
	4.3																		
	4.2																		
	總　計																		50

根據上表繪製的直方圖如下：

圖 10-15

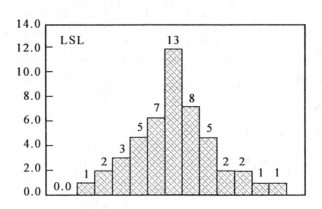

直方圖的判讀：

此圖屬正態分佈，制程較爲穩定。

案例(二)：某電鍍廠電鍍件鍍鋅厚度直方圖

爲考核某電鍍廠電鍍件鍍鋅厚度的品質水準，在一批產品中隨機抽樣分 10 組，測得數據 100 個，收集的數據見表 10-5：（此產品的規格是 2.35±0.50 微米）

1.計算 Ca、Cp、Cpk 值

工程規範：2.35±0.50	T(公差範圍)＝0.5×2＝1.00
μ 規格中心值＝2.35	X 的平均值＝2.351
USL(規格上限)＝2.850	LSL(規格下限)＝1.850

$$\sigma = \sqrt{\frac{\sum_{i=1}^{n}(x_i - \bar{x})^2}{n}} = 0.217$$

$Cp = T/6\sigma = 0.688$

$Ca = \dfrac{|\bar{x} - \mu|}{T/2} = 0.003$　　　　$Cpk = (1 - Ca) \times Cp = 0.767$

Xmax = 2.79　　　　　　　　Xmin = 1.86

極差 = 0.93　　　　　　　　h（組）= 0.093 ≈ 0.10

表 10-5

工廠：×××		部門：生產部		工序：電鍍		工程規範：2.35±0.50	
機器編號：QQ-P-069		日期：8/1		特性：厚度		樣本容量/頻率：10/1H	
1	2	3	4	5	6	7	8	9	10
2.38	2.13	2.36	1.98	2.16	2.31	2.68	2.69	2.56	2.68
2.37	2.15	2.35	2.33	2.30	2.29	2.56	2.65	2.24	2.64
1.86	2.31	2.37	2.33	1.89	1.92	2.49	2.76	2.45	2.35
1.98	2.23	2.34	2.39	1.98	1.98	2.68	2.79	2.49	2.25
2.05	2.20	2.35	2.34	2.13	2.12	2.25	2.25	2.48	2.69
2.15	2.12	2.39	2.38	2.19	2.19	2.46	2.65	2.56	2.45
1.89	2.02	2.42	2.35	2.74	2.21	2.36	2.78	2.51	2.48
2.35	2.30	2.46	2.35	2.23	2.35	2.48	2.49	2.53	2.35
2.40	2.11	2.36	2.22	2.35	2.35	2.46	2.56	2.62	2.42
2.15	1.98	2.34	2.23	2.12	2.36	2.68	2.68	2.56	2.48

2. 頻數表

表 10-6

組　別	下　限	上　限	中心值	頻　數
1	1.855	1.955	1.905	4
2	1.955	2.055	2.005	7
3	2.055	2.155	2.105	9
4	2.155	2.255	2.205	13
5	2.255	2.355	2.305	20
6	2.355	2.455	2.405	15
7	2.455	2.555	2.505	12
8	2.555	2.655	2.605	9
9	2.655	2.755	2.705	8
10	2.755	2.855	2.805	3

3. 繪製直方圖

圖 10-16　直方圖

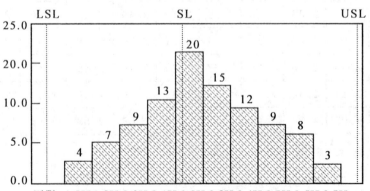

4. 直方圖判讀

此直方圖屬於正態分佈，但制程能力不夠，Cpk 值小於 1，如果做控制圖，不宜立即設定控制圖的上下控制界限。

案例（三）：某機械廠夾片間隙直方圖

表 10-7

組別	工廠：×××			部門：生產部		工序：彎曲夾片		工程規範： 0.85±0.25 mm			R
	機器編號： WF-Q-081			日期： 6/10-6/18		特性：間隙		樣本容量/頻率： 10/1H			
1	0.70	1.00	1.00	0.90	0.90	0.90	0.90	0.90	0.95	0.95	0.30
2	0.86	0.90	0.90	0.90	0.99	0.80	0.85	1.00	0.90	0.94	0.15
3	0.60	0.88	0.77	1.11	0.70	0.66	1.00	0.89	1.00	0.80	0.56
4	0.87	0.78	0.80	1.00	0.78	0.68	1.10	0.85	1.00	0.90	0.42
5	0.88	0.98	0.98	0.80	0.69	0.88	1.00	1.00	1.10	1.00	0.41
6	0.98	0.85	1.10	0.88	0.98	0.77	0.97	1.00	0.83	1.10	0.33
7	0.99	1.00	1.20	0.99	0.90	0.79	0.80	1.00	0.81	1.00	0.41
8	1.22	1.10	1.10	0.87	0.88	1.00	0.95	1.10	0.88	0.70	0.52
9	1.00	0.99	0.99	0.89	1.00	1.10	1.00	0.88	0.69	0.98	0.41
10	0.69	1.00	1.00	1.00	1.10	0.85	0.85	0.87	0.85	1.00	0.41

1.計算 Ca、Cp、Cpk 值

工程規範：0.85±0.25　　　T（公差範圍）＝0.25×2＝0.50

μ 規格中心值＝0.85　　　x 的平均值＝0.921

USL（規格上限）＝1.101S1（規格下限）＝0.6

表 10-8　d₂係數表

樣本數	2	3	4	5	6	7	8	9	10	11
係數d₂	1.13	1.69	2.06	2.33	2.53	2.70	2.85	2.97	3.08	3.17

$$\sigma = \sqrt{\frac{\sum_{i=1}^{n}(x_i - \bar{x})^2}{n}} = 0.121$$

$Cp = T/6\sigma = 0.688$

$Ca = \dfrac{|\bar{x} - \mu|}{T/2} = 0.167$　　　$Cpk = (1 - Ca) \times Cp = 0.573$

Xmax = 1.22　　　Xmin = 0.60

極差 = 0.620　　　h（組距）= 0.062 ≈ 0.10

心得欄

2.頻數表

表 10-9　頻數表

序　號	下　限	上　限	中心值	頻　數
1	0.595	0.695	0.645	6
2	0.695	0.795	0.745	8
3	0.795	0.895	0.845	25
4	0.895	0.995	0.945	26
5	0.995	1.095	1.045	23
6	1.095	1.195	1.145	10
7	1.195	1.295	1.245	2
8	1.295	1.395	1.345	0
9	1.395	1.495	1.445	0
10	1.495	1.595	1.545	0

3.繪製直方圖

圖 10-17　直方圖

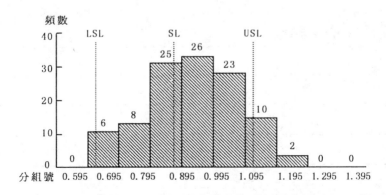

4.直方圖判定

此直方圖屬於偏態型，偏向於下規格限，要立即從 4M1E 方面分析原因。其原因可能是夾具磨損，或測量人員的測量方法錯誤。

心得欄

第 *11* 章

有效運用控制圖法

　　美國貝爾試驗室的休哈特博士首先區分了可控制和不可控制的變差,這就是普通原因變差和特殊原因變差,休哈特發明了一個簡單有效的工具來區分他們——控制圖,從那時起,成功地將控制圖應用於各種過程控制場合,經驗表明當出現特殊原因變差時,控制圖能有效地引起人們注意,以便及時地尋找原因採取措施。

　　1924 年控制圖因為用法簡單,效果顯著,成為品質管理不可缺少的主要工具。

一、控制圖法的基本定義

美國貝爾試驗室的休哈特博士在 20 世紀 20 年代研究過程時，首先區分了可控制和不可控制的變差，這就是今天我們所說的普通原因變差和特殊原因變差，聰明的休哈特發明了一個簡單有效的工具來區分他們——控制圖，從那時起，在美國和其他國家。尤其是日本，成功地將控制圖應用於各種過程控制場合，經驗表明當出現特殊原因變差時，控制圖能有效地引起人們注意，以便及時地尋找原因採取措施。

1924 年控制圖由美國品管大師休哈特博士發明，因為用法簡單，效果顯著，成為品質管理不可缺少的主要工具。

1932 年英國邀請休哈特到倫敦講控制圖，英國人把它應用到工廠管理，比美國早。

1940 年美國、英國把控制圖大量引進工廠，應用到生產過程中。

1942 年「二戰」期間，美國強制實施控制圖，為美國的二次大戰立下汗馬功勞。

1950 年日本邀請品管大師戴明到日本講控制圖，日本人將它發揚光大，運用到基層。

1953 年引進美國的控制圖，在工廠廣泛採用。

世界上第一張控制圖是美國休哈特在 1924 年 5 月提出的 P 控制圖（不合格品率控制圖），當時休哈特採用了 3 個標準差來確定控制圖的上下限，即我們通常說的 $\pm 3\sigma$。控制圖上有中心

線(CL，Central Line)，控制上限(UCL，Upper Control Limit)和控制下限(LCL，Lower Control Limit)。如下圖：

圖 11-1

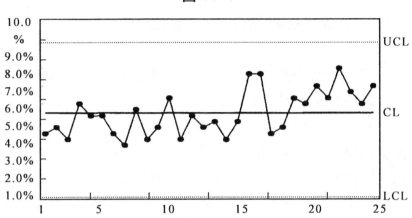

二、控制圖法的應用技巧

由於控制圖可用於直接控制和診斷控制，所以是品管七大手法的核心。以下幾個事例對認識控制圖有所幫助：

1.日本名古屋工業大學調查了 200 家日本中小型企業(但應答的只有115家)，結果發現平均每家工廠採用137張控制圖。

2.有些大型企業應用控制圖的張數是很多的，例如美國柯達彩色膠捲公司，有 5000 名員工。一共應用了 35000 張控制圖，平均每個員工 7 張，為什麼要應用這麼多控制圖呢？因為彩色膠捲技術很複雜，在膠捲的片基上需要分別塗上 8 層厚度為 1～2μm 的藥膜；此外，對於種類繁多的化工原料也要應用控制圖進行控制。

我們不是追求控制圖張數的多少，但可以說，工廠使用控制圖的張數在某種意義上反映了管理現代化的程度。

三、分析用控制圖與控制用控制圖

一道工序開始應用控制圖時，幾乎總不會恰巧處於穩定狀態，也即總存在異因。如果就以這種非穩定狀態下的參數來建立控制圖，控制圖界限之間的間隔一定較寬，用這樣的控制圖來控制未來，將會導致錯誤的結論。因此，一開始，總需要將非穩定狀態的過程調整至穩定狀態，這就是分析用控制圖的階段。等到過程調整到穩定狀態後，才能延長控制圖的控制線作為控制用控制圖，這就是控制用控制圖的階段。

從功能上分，控制圖可分兩種，一種是分析用的控制圖，另一種是控制用的控制圖。

1.分析用控制圖

分析用控制圖是根據實際測量出來的數據，經過計算得出控制的上下限值之後畫出的，它主要用來對初期品質的測定和監控，瞭解初期產品的過程能力，分析用控制圖的調整過程就是品質不斷改進的過程。作為一個分析用的控制圖，它主要分析以下兩點：

(1)所分析的過程是否為統計控制狀態？

(2)該過程的過程能力指數是否滿足要求？

2. 控制用控制圖

　　控制用控制圖是根據以前的歷史數據，或之前產品品質穩定時的控制上下限，作爲今後產品品質的控制上下限，它的意義在於用之前的控制界限來衡量近期的產品品質狀態，如 8 月份的控制圖以 7 月份的控制界限來判定，這樣就可以看出 8 月份與 7 月份的品質對比狀況。

　　控制用的控制圖經過一個階段的使用後，可能又出現異常，這時應按照「查出異因，採取措施，加以消除，不再出現，納入標準」去做，恢復所確定的穩定狀態。

　　從數學的角度看，分析用控制圖的階段，就是過程未知階段，而控制用控制圖的階段則是過程參數已知的階段。

　　下圖可以幫助我們理解分析控制用的控制圖，請參考：

圖 11-2

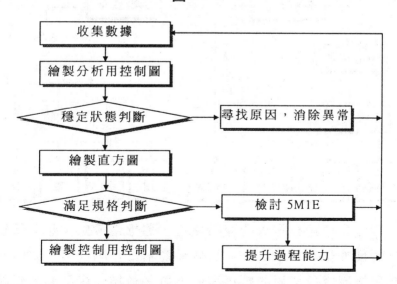

在生產過程中應用控制圖進行品質控制，一般按以下流程進行：

(1)當生產過程中產品品質尚未穩定，即生產處於失控狀態時，應加強管理，改進技術，使生產進入穩定狀態。這一階段稱爲調整階段。

(2)當生產過程已進入受控狀態時，就可以採用控制圖，進行過程品質管理。可以根據管理的需要，選擇合適的控制圖，選定原則如下圖：

圖 11-3

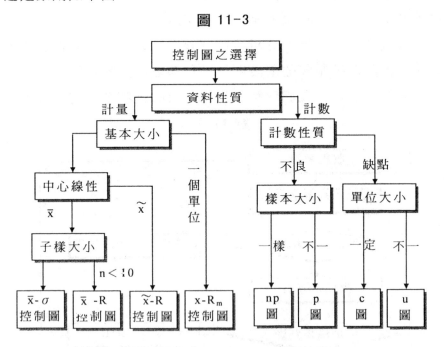

(3)當生產過程進入管理階段時，還應當考慮產品品質穩定在一個什麼樣的水準上，並根據具體情況作出決策。此時，就需要用控制圖所使用的數據作直方圖，並結合產品的品質指標

（產品標準）來估算 Cp 值或 Cpk 值，真正做到產品品質能夠受控。

四、控制圖的製作流程

1.收集數據

選定工序，收集品質特性值，工序應較穩定，數據一般在 100 個以上。

數據收集對於任何一個管理體系都是最基本的項目之一，離開了數據收集，所有的管理都是一紙空談。在控制圖中，數據收集是非常重要的。控制圖的應用在於收集最原始的數據，經過一系列複雜的計算，以最簡單、直觀、明瞭的方式表現，便於深入分析品質狀況及預測問題。所以控制圖在數據收集過程中必須強調二項原則：真實、及時。

(1)數據的真實性

只有真實的數據才能反映真正的品質狀況，不真實的數據分析出的結果肯定也不正確，易導致決策者失誤。數據的不真實性通常表現在以下幾方面：

①品檢人員不認真，根本沒有通過實際的檢驗，只根據經驗直接填寫數據；

②品檢人員感覺檢驗數量太多，不願檢驗到規定的數量，而只做一部分，剩下一部分就全都是主觀估計值；

③測量設備有問題，精度不夠，需要靠檢驗人員估計；

④檢驗出來的數據不符合規格，人為地改寫數據；

⑤檢驗人員在輸入電腦過程中輸錯；

⑥抽樣計劃制定不合理,檢驗數據太少,造成分析無價值。

(2)數據的及時性

因為控制圖的主要功能之一就是預測品質,因此,只有及時收集數據,才能及時分析,才可能預測品質,不良品都已經產生,所有的預測都毫無意義。

(3)計量值的數據收集

按一定時間間隔抽取一定的樣本,然後進行測量,再將測量到的數值記錄下來。計量型數據具有連續性,故它的抽樣計劃與計數值有很大的差異。它通常根據產品要求,對產品的重要特性定時抽取固定樣本個數。

我們應根據產品的特性和當前品質狀況來確定抽樣頻率,產品特性越易檢驗或越重要,抽樣頻率通常越高,如果當前品質越差相對頻率應加大一些。如果遇到生產時間較短,為了做直方圖,也可適當加大抽樣頻率,常用的抽樣頻率為:每半小時、每小時、每2小時或4小時抽一次,每天抽一次較為少見(一般出現在難檢和品質較為穩定的特性)。

抽樣頻率在初始階段相對高一點,在過程中如發現品質受控較穩定時,可視情況斟情減少抽樣頻率,甚至放棄該點的計量監控。例如在第一個月,每小時抽5個;經過1個月的監控,品質已穩定,已經有2週時間是Cpk值達到了2.0以上,可採用4個小時抽5個(註:一般不宜採用減少每次抽樣數);又經過一個月,發現CPk還是在2.0以上,且沒有大幅的週期變化的特性,則可放棄該點計量值控制。

(4)計數值數據收集

　　根據計數值的理論，計數值具有不連續性，是以某一批產品爲母體來抽取樣本數的，但這會使生產人員無法確定下一批檢驗時間，因此，難以做到品質的預測。在此，筆者建議計數值也儘量做到連續抽樣，這樣可以預知下一批的檢驗時間，也可以根據圖形預測下一步的品質狀態，更符合控制圖的預測功能。

　　計數值數據在抽取樣本時，樣本數可以一致，也可以不一致，如 nP 圖樣本大小一定要相同，P 圖樣本大小可相同，也可不相同，但初學者最好選取相同的樣本，U 圖每個樣本大小要相同，C 圖每個樣本大小不相同。特別強調計數值的樣本組數最好在 20 組以上。

　2.數據分組

　以 4 個或 5 個爲一組，分成 25 組。

　3.將各組數據納入規定欄目內

　4.計算各組數據 x 的平均值：

　　　$x_i = (x_1 + x_2 + \cdots x_n)/n$（精確到比觀測量值多一位小數）

　5.計算總平均值或中心值

　　　$\bar{x}_i = (\bar{x}_1 + \bar{x}_2 + \cdots \bar{x}_n)/n$（精確到比原始數據多二位小數）

　6.計算各組極差

　　　$R_i = x_{max} - x_{min}$

　7.計算極差的平均值 $\bar{R}$

　　　$\bar{R} = (R_1 + R_2 + \cdots R_n)/n$

　8.計算上下控制界限和中心線

—— $\bar{x}$ 圖的中心線上下控制界限的計算公式：

$$CL = \bar{\bar{x}} \qquad UCL = \bar{\bar{x}} + A_2\bar{R} \qquad LCL = \bar{\bar{x}} - A_2\bar{R}$$

—— R 圖的中心線上下控制界限的計算公式：

$$CL = \bar{R} \qquad UCL = D_4\bar{R} \qquad LCL = D_3\bar{R}$$

表 11-1

n	2	3	4	5	6	7	8	9	10
D_4	3.27	2.57	2.28	2.11	2.00	1.92	1.86	1.82	1.78
D_3	*	*	*	*	*	0.08	0.14	0.18	0.22
A_2	1.88	1.02	0.73	0.58	0.48	0.42	0.37	0.34	0.31

9.畫控制線

x 平均值圖在上，R 圖在下，橫坐標表示樣本號、組號或時間。縱坐標表示 x 平均值或 R 值，中心線用實線，控制界限用虛線。

10.描點連線

將各組 x 平均值和 R 值用點描在相應的控制圖上，並用折線連接。如果用 Xbax-R 圖的專用軟體，只要將測量的數據輸入電腦，會自動顯示控制圖的圖形，並能精確地計算出 Cp、Cpk 的值，可免除手工計算之煩惱。

11.判異或判穩

若穩，則計算過程能力指數並檢驗其是否符合技術要求；若不穩，要立即尋找原因，並採取糾正措施。

12.延用 $\bar{x}$-R 控制圖的控制限，當作控制用控制圖進行日常管理。上述流程 1～11 為分析用控制圖階段，流程 12 為控制用

控制圖階段。

　　下面有兩個 x̄-R 控制圖，前一個是手工製作，後一個是電腦製作，請對比參考。

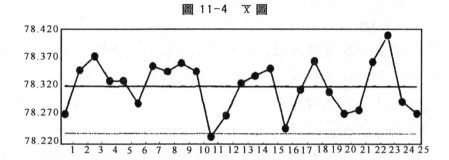

圖 11-4　x̄ 圖

圖 11-5　R 圖

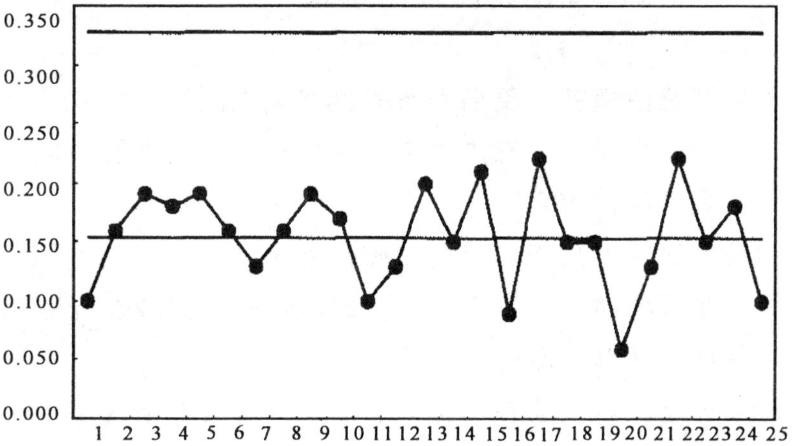

　　從以上兩個控制圖可以看出，x 平均值圖之第 11 個、23 個點已超出控制限，需重新計算上下控制限後才可決定是否沿用至日常管理。R 圖屬隨機分佈，可沿用至日常管理。

$\overline{x}$-R 控制圖是對計量值的控制，用於對單個變數的控制，它具有以下幾個特點：

(1)常用於以機器為主的過程；

(2)能充分地反映出產品或過程變化的趨勢；

(3)對過程能力研究是一個有力的工具；

(4)有利於建立過程或產品變化的連續監控機制；

(5)適用於產品批量大，加工過程穩定的情形；

(6)適用於每次取樣小於 10，$\overline{x}$-R 圖 n 的大小一般 4～5 最適合；

(7)中心趨勢、週期、變異在 $\overline{x}$-R 圖上一目了然。

五、控制圖使用時應注意事項

(1)控制圖使用前，現場作業的標準化應已經完成。

(2)控制圖使用前，應先決定控制項目，包括品質特性的選擇與取樣數量的決定。

(3)控制界限千萬不可用規格值代替。

(4)控制圖種類的篩選應配合控制項目的決定時進行搭配。

(5)抽樣方法以能取得合理樣組為原則。

(6)點子超出界限或有不正常的狀態，必須利用各種措施研究改善或配合統計方法把異常原因找出，同時加以消除。

(7)$\overline{x}$－R 控制圖裏組的大小(n)，一般採 n＝4～5 最適合。

(8)R 控制圖沒有控制下限，是因 R 值是由同組數據的最大值減最小值而得，所以 LCL 取負值沒有意義。

(9)控制圖一定要與過程控制的配置結合。

(10) P 控制圖如果有點子超出控制下限，也應採取對策，不能認為不良率低而不必採取對策。因為異常原因可能來自：

①量具的失準。須更新量具，並檢查已有的量測值的影響度。

②合格品的判定方法有誤。應立即修正。

③真正存在不合格率變小的原因。若能進一步掌握原因，則有助於日後大幅降低不合格率。

(11)過程控制得不好，控制圖形同虛設。要使控制圖發揮效用，應使產品過程能力中的 Cp 值（過程能力指數）大於 1 以上。

六、應用實例

案例（一）：P 控制圖（不良率或不合格率控制圖）

為考核某電子產品之外觀不良的品質水準，檢驗員於 9 月每天抽取 300 個樣本，每 300 個樣本的外觀不良數統計如下，請繪出 P 控制圖。如表所示。

1.計算控制界限與中心線

$$CL = \overline{P} = 4.47\% \qquad \frac{\overline{P}(1-\overline{P})}{n} = 0.01\% \qquad \sqrt{\frac{\overline{P}(1-\overline{P})}{n}} = 1.19\%$$

$$UCL = \overline{P} + 3\sqrt{\frac{\overline{P}(1-\overline{P})}{n}} = 8.04\%$$

$$LCL = \overline{P} - 3\sqrt{\frac{\overline{P}(1-\overline{P})}{n}} = 0.89\%$$

表 11-2

產品名稱：電動遙控玩具		產品特性：外觀		每次取樣數：300	
工序位：最終檢驗		檢驗標準：參照樣品		檢驗者：劉××	
序　號	檢驗日期	抽樣數	不良數	不良率	備　註
1	9月1日	300	10	3.3%	
2	9月2日	300	11	3.7%	
3	9月3日	300	9	3.0%	
4	9月4日	300	15	5.0%	
5	9月5日	300	13	4.3%	
6	9月6日	300	13	4.3%	
7	9月7日	300	10	3.3%	
8	9月8日	300	8	2.7%	
9	9月9日	300	14	4.7%	
10	9月10日	300	9	3.0%	
11	9月11日	300	11	3.7%	
12	9月12日	300	16	5.3%	
13	9月13日	300	9	3.0%	
14	9月14日	300	13	4.3%	
15	9月15日	300	11	3.7%	
16	9月16日	300	12	4.0%	
17	9月17日	300	9	3.0%	
18	9月18日	300	12	4.0%	
19	9月19日	300	20	6.7%	

續表

20	9月20日	300	20	6.7%	
21	9月21日	300	10	3.3%	
22	9月22日	300	11	3.7%	
23	9月23日	300	16	5.3%	
24	9月24日	300	15	5.0%	
25	9月25日	300	18	6.0%	
26	9月26日	300	16	5.3%	
27	9月27日	300	21	7.0%	
28	9月28日	300	17	5.7%	
29	9月29日	300	15	5.0%	
30	9月30日	300	18	6.0%	
	$\sum x$	9000	402		
	$\overline{P}$		4.47%		

對特殊原因採取措施的說明：	採取措施的說明：
1.任何超出控制限的點。	1.
2.連續7個點全在中心線上下。	2.
3.連續7點上升或下降。	3.
4.任何其他明顯非隨機的圖形。	4.

2.繪製 P 控制圖

圖 11-6　P 控制圖

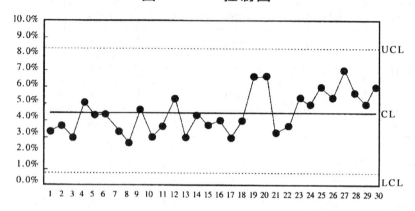

3. P 控制圖的應用技巧

(1)控制的對像是不良率(不合格率)。適用於計件值控制圖。

(2)適用於計數型的產品特性控制,如外觀判定的合格與不合格,耐壓測試的通過與不通過,最終功能測試的合格與不合格等。

(3)每組樣本大小可以相同,也可以不相同,如每次取樣都是 300 件,或每次取樣不一樣,如第一次取 200 件,第二次取樣 150、第三次取樣 180……。

(4)對於初學者,最好樣本數一致,這樣繪製的 P 控制圖比較直觀,便於讀取判斷。

(5)當 P 很小或 n 很小時,LCL 的計算值有時為負值,在這種情況下則沒有控制下限,因為即使在極精確的時期內也在隨機變差極限之內。

(6)在第一次做 P 控制圖時，其實是沒有上下限控制線的，只可作爲過程初始研究。

這時，我們可用直方圖來確定過程(工序)是否處於穩定狀態，當確定處於穩定狀態時，則可把第一次的上下控制線作爲第二次的上下控制線。

(7)P 控制圖如果有點逸出控制下限，亦應採取對策，不能認爲不良率低而不必採取對策，因其異常原因可能來自：

——量具的失靈；

——良品的判定方法有誤；

——真正有不良率變小的原因，若能掌握原因，則有助於日後大幅降低不良率。控制圖後附有一個「控制圖過程記錄表」，便於摘記控制圖異常記錄，如下表：

表 11-3　控制圖過程記錄表(示例)

日　期	時　間	評　述	措　施	備　註

　　P 控制圖應留有一欄記錄人員、材料、設備、方法、環境或測量系統中的任何變化，在控制圖上出現信號時，這些記錄將幫助你採取改進過程的措施。

　　對特殊原因採取措施的說明：

　1.任何進退出控制限的點。

　2.連續 7 個點全在中心線之上或之下。

　3.連續 7 個點上升或下降。

　4.任何其他明顯非隨機的圖形。

案例(二)：np 控制圖(不良數或不合格數控製圖)

電子廠成品檢驗員在 9 月 25～27 日對 30 箱(每箱 50 台)型號為：TY-8899 的咖啡壺進行檢驗，得到的不良數記錄如下，請畫出不良數控製圖。

表 11-4　np 控制表

| 產品名稱：咖啡壺 | | 產品特性：外觀、性能 | | | | 每次取樣數：1箱 | | |
| 工序位：成品檢驗 | | 檢驗標準：檢驗規範書 | | | | 檢驗者：李×× | | |
序號	箱號	子組樣本容量(n)	耐壓不良	接地不導通	扭力不夠	絲印不良	劃傷	不良數(np)
1	1	50	1	0	2	3	0	6
2	2	50	0	0	2	2	0	4
3	5	50	0	1	2	2	1	6
4	9	50	0	0	5	2	0	7
5	12	50	0	0	4	1	2	7
6	16	50	0	0	1	0	1	2
7	20	50	0	0	3	0	0	3
8	26	50	0	0	2	1	0	3
9	38	50	0	0	0	3	0	3
10	36	50	0	0	3	5	5	13
11	42	50	0	0	5	6	2	13
12	45	50	0	1	1	1	1	4
13	46	50	0	0	0	0	3	3
14	47	50	1	0	0	4	1	6

15	53	50	0	0	1	5	2	8
16	56	50	0	0	3	4	0	7
17	62	50	0	1	5	2	2	10
18	66	50	0	0	4	1	3	8
19	69	50	0	0	0	1	4	5
20	79	50	1	0	6	1	0	8
21	88	50	0	0	1	3	0	4
22	89	50	0	0	3	4	3	10
23	110	50	0	0	6	2	1	9
24	112	50	0	0	4	2	2	8
25	128	50	0	1	2	5	4	12
26	135	50	0	1	2	0	1	4
27	149	50	0	0	2	1	0	3
28	230	50	1	0	2	1	1	5
29	280	50	0	0	3	3	1	7
30	300	50	1	0	1	3	3	8
		Σx	5	5	75	68	43	196
		nP	6.53					

$$CL = n\bar{p} = 6.53$$

$$UCL = n\bar{p} + 3\sqrt{n\bar{p}\ (1 - \frac{n\bar{p}}{n})} = n\bar{p} + 3\sqrt{n\bar{p}\ (1 - \bar{p})} = 13.683$$

$$LCL = n\bar{p} - 3\sqrt{n\bar{p}\ (1 - \frac{n\bar{p}}{n})} = n\bar{p} - 3\sqrt{n\bar{p}\ (1 - \bar{p})} = -0.616\,(無意義)$$

1. 繪製 np 控制圖：

圖 11-7　nP 控制圖

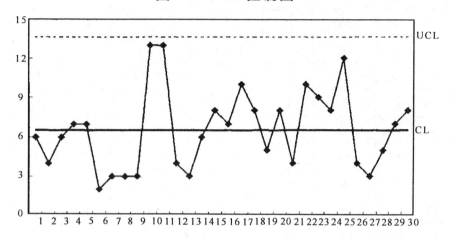

2. np(不良數)控制圖的應用技巧

(1)與 P(不良率)控制圖一樣，是計數型控制圖，適用於產品批量大，加工過程穩定的情況。

(2)每次抽取的樣本必須相同。分組的週期應按照生產間隔和反饋系統而定。樣本容量應足夠大，使每個子組內都可能出現幾個不合格品。

(3) np 控制圖用來度量一個檢驗中的不合格品的數量。與 P 圖不同，np 圖表示不合格品的實際數量而不是與樣本的比率。

(4) P 圖和 np 圖適用的基本情況相同，當滿足下列情況時可選用 np 圖：①不合格品的實際數量比不合格品率更有意義或更容易報告；②各階段子組的樣本容量相同。

(5)適用於計件值控制圖。

案例（三）：x̄-R 及控制圖（平均值與極差控制圖）

汽車配件廠爲了提高產品品質，應用柏拉圖分析成品不合格的各種原因，結果發現扭矩不良佔第一位，品管部決定使用控制圖對扭矩進行控制。

分析：扭矩是計量特性值，所以可以選用正態分佈的計量控制圖。又由於是大量生產，不難取得數據，所以決定選用靈敏度高的 x̄-R 控制圖。

表 11-5 數據收集與計算表

序號	X_1	X_2	X_3	X_4	X_5	ΣX	x 平均值	R
1	154	174	164	166	162	820	164	20
2	166	170	162	166	164	828	166	8
3	168	166	160	162	160	816	163	8
4	168	164	170	164	166	832	166	6
5	153	165	162	165	167	812	162	14
6	164	158	162	172	168	824	165	14
7	167	169	159	175	165	835	167	16
8	158	160	162	164	166	810	162	8
9	156	162	164	152	164	798	160	12
10	174	162	162	156	174	828	166	18
11	168	174	166	160	166	834	167	14
12	148	160	162	164	170	804	161	22
13	165	159	147	153	151	775	155	18
14	164	166	164	170	164	828	166	6
15	162	158	154	168	172	814	163	18

續表

16	158	162	156	164	152	792	158	12
17	151	158	154	181	168	812	162	30
18	166	166	172	164	162	830	166	10
19	170	170	166	160	160	826	165	10
20	168	160	162	154	160	804	161	14
21	162	164	165	169	153	813	163	16
22	166	160	170	172	158	826	165	14
23	172	164	159	167	160	822	164	13
24	174	164	166	157	162	823	165	17
25	151	160	164	158	170	803	161	19
						Σ	4082.2	357
						均值	163.272	14.280

(1)計算 R 圖的中心值、上下界限值

計算樣本總均值與平均樣本極差 $\bar{R}$。由於 $\Sigma \bar{x} = 4082.2$ $\Sigma R = 357$，參見上表，所以得出：

$\bar{\bar{x}} = 163.272$ $\bar{R} = 14.280$

$UCL = D_4 \bar{R} = 2.114 \times 14.280 = 30.188$

$CL = \bar{R} = 14.280$

$LCL = D_3 \bar{R} = 0$

(2)計算 x 平均值控制圖的中心值、上下界限值

從上表可知，當樣本大小 $n = 5$，$A_2 = 0.577$，$\bar{\bar{x}} = 163.272$，得出：

A2 ＝ 0.577　　　　　　$\overline{R}$ ＝ 163.272

CL ＝ 163.272

UCL ＝ $\overline{\overline{x}}$ ＋ A₂R ＝ 163.272 ＋ 0.577 × 14.280 ＝ 171.512

LCL ＝ $\overline{\overline{x}}$ － A₂R ＝ 163.272 － 0.577 × 14.280 ＝ 155.032

圖 11-8　R 控制圖

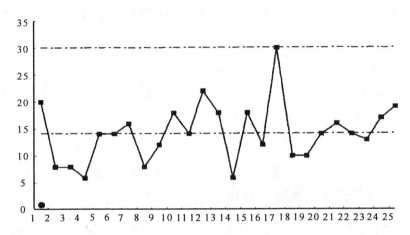

圖 11-9　$\overline{x}$ 控制圖

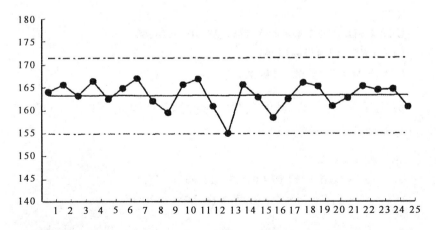

由上圖可知，第 13 組 x 平均值為 155.00 小於 LCL，故過程的均值失控。經調查其原因後，改進夾具，並採取措施防止這種現象再次發生。然後去掉第 13 組數據。

(3)再重新計算 R 圖與圖的中心值、上下界限值

$R' = (\sum R) \div 24 = (357 - 18) \div 24 = 339 \div 24 = 14.125$

$\overline{X}' = (\sum \overline{X}) \div 24 = (4081.8 - 155.0) \div 24 = 3926.8 \div 24$

$\quad = 163.616$

代入 $\overline{R}$ 圖公式，得到 R 圖：

$UCL = D_4\overline{R}' = 2.114 \times 14.125 = 29.860$

$CL = \overline{R}' = 14.125 \approx 14.13$

$LCL = D_3\overline{R}' = 0 (無意義)$

從上表可見，R 圖中第 17 組 R＝30 出界。找出原因後，舍去第 17 組數據。重新計算如下：

$R'' = \dfrac{\sum R}{23} = \dfrac{339 - 30}{23} = \dfrac{309}{23} = 13.435$

$\overline{X}'' = \dfrac{\sum \overline{X}}{23} = \dfrac{3926.8 - 162.4}{23} = \dfrac{3764.4}{23} = 163.67$

R 圖：

$UCL_R = D_4\overline{R}'' = 2.114 \times 13.435 = 28.402 \approx 28.40$

$CL_R = \overline{R}'' = 13.435 \approx 13.44$

$LCL_R = D_3\overline{R}'' = 負數 ：(無意義)$

從上表可見，R 圖可判穩。於是計算控制圖的中心值、上下界限值如下：

$CL = \overline{X}'' = 163.67$

$UCL = \bar{x}'' + A_2R = 163.67 + 0.577 \times 13.435 = 171.421$

$LCL = \bar{x}'' - A_2R = 163.67 - 0.577 \times 14.280 = 155.918$

　　將其餘 23 組樣本的極差值與均值分別描點於 R 圖與 x 平
均值控制圖上，參見下圖 11-10，根據判穩準則，知道此時過
程的變異與均值都處於穩態。

圖 11-10　R 控制圖

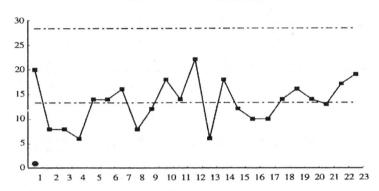

圖 11-11　x̄ 控制圖

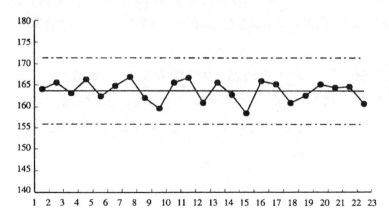

⑷與規範進行比較

　　已經給定公差為：TL＝100，TU＝200。現用全部數據製作
直方圖，並與規範進行比較，參見下圖 11-12：

圖 11-12 與公差對比

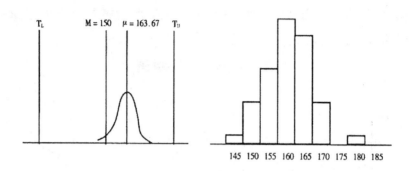

由圖 11-12 可知，數據的分佈與公差相比較有較多的餘量，因此，雖然其平均值並未對準公差中心，不加以調整，問題也不會太大。如果加以調整還可提高過程能力指數，即減少不合格品率，或者也可從技術角度出發考慮適當減少公差範圍。當然，若加以調整則需要重新計算相應的 x-R 圖的控制線。

(5)延用上述 $\overline{x}$-R 圖的控制線，對過程進行日常管理。

案例（四）：$\overline{x}$-R 控制圖（中位數與極差控制圖）

為考核齒輪內徑的品質水準，檢驗員分三按規定時間從編號為 MT-Q-001 的機台取樣如下，此內徑規格為 15.0＋0.2mm，請畫出 $\overline{x}$-R 控制圖。

表 11-6

產品名稱：齒輪		產品特性：內徑					每次取樣數：5		
工序位：鑽孔		規格：15.0＋0.2mm					機器號：MT-Q-001		
工作者：李××		測量者：周××					測量日期：8月5-7		
序號	測量時間	X₁	X₂	X₃	X₄	X₅	Σ	X平均值	R	備註
1	9月5日8：00	15.0	15.0	14.9	14.8	14.8	74.5	14.9	0.2	
2	9月5日9：00	15.3	15.2	15.2	15.2	15.1	76.0	15.2	0.2	
3	9月5日10：00	14.8	14.8	14.9	14.9	15.0	74.4	14.9	0.2	
4	9月5日11：00	15.0	15.0	14.9	14.9	15.1	74.9	15.0	0.2	
5	9月5日12：00	14.8	15.2	15.2	14.9	15.1	75.2	15.1	0.4	
6	9月5日14：00	15.2	15.1	15.1	14.9	15.1	75.4	15.1	0.3	
7	9月5日15：00	15.1	15.2	15.2	15.2	15.2	75.9	15.2	0.1	
8	9月5日16：00	14.9	15.1	15.0	15.0	14.9	74.9	15.0	0.2	
9	9月5日17：00	14.9	14.9	14.8	15.1	15.1	74.8	14.9	0.3	
10	9月6日8：00	14.9	14.8	14.7	15.1	14.9	74.4	14.9	0.4	
11	9月6日9：00	14.9	14.9	14.9	14.9	14.9	74.5	14.9	0.0	
12	9月6日10：00	15.1	15.1	15.2	14.8	14.9	75.1	14.9	0.4	
13	9月6日11：00	15.2	15.2	15.1	15.1	15.0	75.6	15.1	0.2	
14	9月6日12：00	14.9	14.8	14.8	15.0	15.0	74.5	14.9	0.2	
15	9月6日14：00	14.8	15.1	15.1	14.8	14.9	74.7	14.9	0.3	
16	9月6日15：00	15.2	15.2	15.1	15.1	15.0	75.6	15.1	0.2	
17	9月6日16：00	15.2	15.2	15.2	15.1	14.9	75.6	15.1	0.3	
18	9月6日17：00	14.9	14.9	14.8	15.0	15.0	74.6	14.9	0.2	
19	9月7日8：00	14.9	14.9	14.9	14.9	15.0	74.6	14.9	0.1	

續表

20	9月7日9：00	14.8	14.8	14.9	14.9	15.0	74.4	14.9	0.2	
21	9月7日10：00	15.0	15.0	15.0	15.0	15.0	75.0	15.0	0.0	
22	9月7日11：00	15.3	15.2	15.2	15.1	15.1	75.9	15.2	0.2	
23	9月7日12：00	14.7	14.7	14.8	14.9	14.9	74.0	14.8	0.2	
24	9月7日14：00	14.8	14.8	14.8	14.9	15.0	74.3	14.9	0.4	
25	9月7日15：00	14.8	14.8	14.9	14.9	15.2	74.6	14.9	0.4	
								374.3	5.8	

$\overline{R}=0.23$　　$m_3A_2=0.691$	$D_4=2.115$　　$D_3=0.000$
$\tilde{x}$ 控制圖	R 控制圖
$CL=\overline{\overline{x}}=14.97$	$CL=\overline{R}=0.23$
$UCL=\overline{\overline{x}}+m_3A_2\overline{R}=15.13$	$UCL=D_4\overline{R}=0.49$
$UCL=\overline{\overline{x}}-m_3a_2\overline{R}=14.81$	$LCL=D_3\overline{R}=0.00$

1.繪製控制圖

圖 11-13　$\tilde{x}$ 控制圖

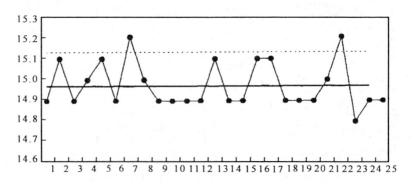

圖 11-14 R̃ 控制圖

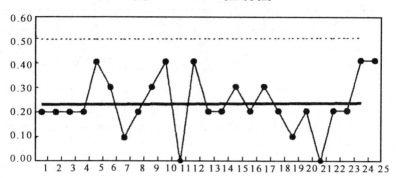

　　從以上兩個控制圖可以看出，x̄ 圖之第 7 個、22 個點超出控制限，需重新計算控制限。

2.中位數一極差控制圖的應用技巧

　　(1)x̄-R 控制圖與 x̃-R 控制圖都屬於計量值雙層控制圖，適用於產品批量大，加工過程穩定的情況。但 x̃-R 控制圖檢出過程（工序）不穩定的能力比 x̄-R 控制圖差，因此一般較少使用。

　　(2)適用於每次抽樣數小於 10。

　　(3)適用於計量值之產品或過程特性，如長度、厚度、重量、濃度等。

案例（五）：x̄-σ 控制圖（平均值-標準差控制圖）

　　為考核某鋼塊厚度的品質水準，品管員分三天按規定時間取樣如下：此厚度的規格標準是 50＋0.5mm，請畫出 x̄-σ 控制圖。

表 11-7

產品名稱：鋼塊				產品特性：厚度					每次取樣數：11				
工序位：-				規格：50±0.5mm					機器號：MT-Q-081				
工作者：劉×				測量者：鄧×					測量日期：5月3日～5日				

序號	測量時間	x_1	x_2	x_3	x_4	x_5	x_6	x_7	x_8	x_9	x_{10}	x_{11}	Σx	$\bar{x}$	σ
1	3日 8：00	50.3	50.3	49.5	50.2	50.5	50.6	50.4	50.3	50.2	50.4	49.5	552.2	50.2	0.35
2	3日 9：00	50.3	50.2	50.2	49.8	49.5	50.7	50.4	50.0	50.0	50.3	50.2	551.6	50.1	0.30
3	3日 10：00	49.5	49.3	50.7	50.2	50.3	50.2	49.7	49.9	50.0	50.3	50.3	550.4	50.0	0.39
4	3日 11：00	49.8	50.3	49.7	49.6	49.8	50.3	50.2	50.2	50.3	50.4	50.3	550.9	50.1	0.28
5	3日 12：00	50.1	50.2	49.8	49.9	49.9	50.1	50.2	50.3	49.8	49.8	50.5	550.6	50.1	0.22
6	3日 14：00	50.2	50.2	49.8	49.7	50.1	50.8	50.7	50.6	50.1	50.1	50.0	552.3	50.2	0.34
7	3日 15：00	49.8	50.3	50.7	50.3	49.8	49.7	49.0	50.0	50.0	49.6	50.2	549.4	49.9	0.43
8	3日 16：00	49.7	49.8	49.8	49.9	49.7	49.8	50.1	50.2	49.9	49.9	49.8	548.6	49.9	0.15
9	3日 17：00	49.8	49.9	50.2	50.3	50.0	50.2	49.8	49.9	50.5	49.5	49.8	549.9	50.0	0.27
10	4日 8：00	50.5	50.5	50.5	49.2	49.2	49.5	49.8	49.8	49.9	50.2	49.5	548.6	49.9	0.47
11	4日 9：00	50.1	50.1	50.1	50.2	50.2	50.0	50.1	50.2	50.1	50.2	50.1	551.4	50.1	0.06
12	4日 10：00	50.1	50.2	50.3	50.4	50.2	50.3	50.2	50.3	50.1	50.0	50.1	552.2	50.2	0.11
13	4日 11：00	49.9	49.8	49.5	50.1	50.3	50.4	49.8	49.5	50.5	50.5	50.1	550.4	50.0	0.35

續表

No.	時間												合計	x̄	σ
14	4日 12：00	50.5	50.4	50.3	50.5	50.5	50.4	50.5	50.8	50.5	50.5	50.4	555.3	50.5	0.12
15	4日 14：00	49.8	49.9	49.8	49.5	49.5	49.8	49.9	49.9	50.0	50.4	50.3	548.8	49.9	0.26
16	4日 15：00	49.8	49.9	49.9	49.9	49.8	49.5	49.6	49.7	49.8	50.1	50.3	548.3	49.8	0.21
17	4日 16：00	49.5	49.9	50.1	50.1	50.1	50.1	50.2	50.2	50.0	50.0	50.2	550.4	50.0	0.19
18	4日 17：00	49.7	49.8	50.1	50.3	50.2	50.3	50.4	49.9	50.5	50.3	50.1	551.6	50.1	0.24
19	5日 8：00	50.0	50.1	50.2	49.9	50.3	50.4	50.4	50.3	50.0	49.8	50.1	551.5	50.1	0.19
20	5日 9：00	50.0	50.1	50.3	50.4	50.5	50.3	50.4	50.3	50.3	50.3	49.7	552.6	50.2	0.21
21	5日 10：00	50.0	50.2	50.3	50.2	50.2	50.3	50.4	50.2	50.3	50.2	50.3	552.6	50.2	0.10
22	5日 11：00	50.2	50.3	50.2	49.8	49.9	49.8	49.8	49.9	49.7	49.8	50.3	549.7	50.0	0.22
23	5日 12：00	50.1	50.2	50.3	50.4	50.6	49.4	49.5	49.4	50.4	50.4	49.8	550.5	50.0	0.42
24	5日 14：00	50.3	50.2	50.4	50.5	50.6	50.7	50.5	50.5	50.6	50.5	50.5	302.7	50.5	0.13
25	5日 15：00	49.9	49.9	49.8	50.1	50.0	50.0	50.0	51.0	50.5	50.5	50.4	290.7	50.2	0.35

$A_3 = 0.927$		$\sigma = 0.322$
$B_4 = 1.679$		$B_3 = 0.321$

x平均值控制圖：	σ控制圖：
$CL = x = 50.099$	$CL = \sigma = 0.322$
$UCL = x + A_3\sigma = 50.397$	$UCL = B_4\sigma = 0.540$
$LCL = x - A_3\sigma = 49.801$	$LCL = B_3\sigma = 0.103$

1.繪製控制圖

圖 11-15 x̄ 控制圖

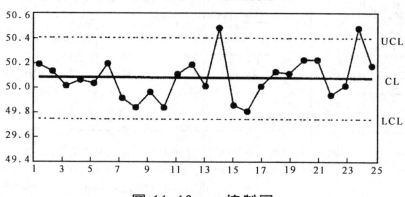

圖 11-16 σ 控制圖

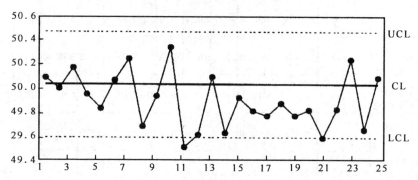

　　從以上兩個控制圖可以看出，x 平均值圖之第 14 個、24 個點與 σ 圖之第 11 個點均超出控制限，需重新計算控制限後才可沿用至日常管理。另外 σ 圖出現連續 9 點在單側，在分析原因。

2. x̄-σ（平均值－標準差）控制圖的應用技巧

　　(1)與 x̄-R 控制圖一樣都屬於計量雙層控制圖，適用於產品批量大，加工過程穩定的情況。

(2)適用於每次抽樣數大於或等於 10，小於或等於 25。

(3)對生產過程（工序）檢出力非常強，且理論根據充分。但每次抽樣數比 x̄-R 控制圖大，會增加檢驗成本。

案例（六）：x-Rm 控制圖（個別值-移動極差控制圖）

為監測某化工廠排入污水中的污染物甲醛的含量，環境監測員在 6 月 1～25 日每天測得數據如下，請畫出 x-Rm 控制圖。（二類區的排放標準不超過 $0.28mg/m^3$）

表 11-8　x-Rm 控制表

樣本號	測定值X	移動極差Rm	樣本號	測定值X	移動極差Rs
1	0.265	——	15	0.262	0.002
2	0.266	0.001	16	0.264	0.002
3	0.266	0.000	17	0.265	0.001
4	0.268	0.002	18	0.268	0.003
5	0.266	0.002	19	0.266	0.002
6	0.268	0.002	20	0.271	0.005
7	0.270	0.002	21	0.268	0.003
8	0.264	0.006	22	0.267	0.001
9	0.268	0.004	23	0.269	0.002
10	0.264	0.004	24	0.264	0.004
11	0.265	0.001	25	0.266	0.001
12	0.266	0.001	Σ	6.654	0.057
13	0.263	0.003	平均值	0.2662	0.0024
14	0.264	0.001			

計算公式：

X 圖　　$CL = X = 0.2662$

$UCL = X + E_2\overline{R}_m = 0.2662 + 2.660 \times 0.0024 = 0.2724$

$LCL = X - E_2\overline{R}_m = 0.2662 - 2.660 \times 0.0024 = 0.2598$

Rm 圖　$CL = \overline{R}_m = 0.0024$

$UCL = D_4\overline{R}_m = 3.267 \times 0.0024 = 0.0078$

$LCL = D_3\overline{R}_m$ （沒有極差的控制下限）

表 11-9

n	2	3	4	5	6	7	8	9	10
D_4	3.27	2.57	2.28	2.11	2.00	1.92	1.86	1.82	1.78
D_3	*	*	*	*	*	0.08	0.14	0.18	0.22
E_2	2.66	1.77	1.46	1.29	1.18	1.11	1.05	1.01	0.98

* 樣本容量小於7時，沒有極差的控制下限

1.繪製控制圖

圖 11-17　x 控制圖

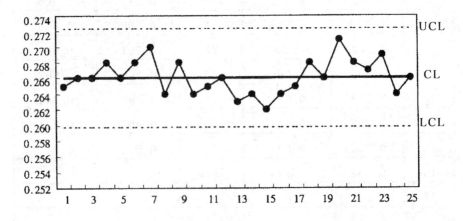

圖 11-18　Rm 控制圖

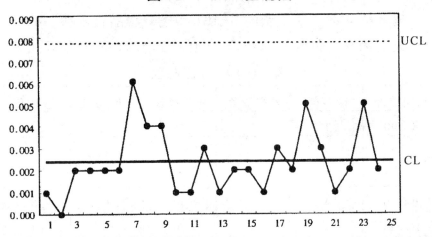

2. x-Rₘ 控制圖的應用技巧

(1)與 x̄-R 控制圖一樣都屬於計量值雙層控制圖，適用於產品批量小，單件加工時間長的產品。

(2)適用於每次取樣數為 1 的產品，如破壞性試驗或一些過程參數(溫度、壓力等)。

(3)適用於選取的樣本為極為一致的產品，如液體和氣體。

(4)個別值一移動極差控制圖在檢查過程變化時不如 x-R 圖敏感。

(5)如果過程的分佈不是對稱的，則在解釋個別值控制圖時要非常小心。

(6)個別值一移動極差控制圖不能區分過程間重覆性，因此，在很多情況下，最好還是使用常規的子組樣本容量較小(2～5)的 x̄-R 控制圖。

案例（七）：C 控制圖（缺點數控製圖）

為考核某電子廠生產的 T-101 型號音響品質水準，8 月 3 日一天共抽查已包裝好的音響 25 套，每套的缺點數統計如下。

表 11-10　C 控制表

檢驗時間	樣本號	外觀特性	包裝特性	性能特性	缺點數
8：00	1	1	2	1	4
8：30	2	0	1	2	3
9：00	3	1	1	3	5
9：30	4	2	0	1	3
10：00	5	3	0	1	4
10：30	6	1	2	1	4
11：00	7	1	5	0	6
11：30	8	3	0	1	4
12：00	9	1	2	1	4
13：30	10	2	2	2	6
14：00	11	2	1	0	3
14：30	12	3	3	0	6
15：00	13	1	2	0	3
15：30	14	1	0	3	4
16：00	15	2	0	2	4
16：30	16	1	3	3	7
17：00	17	1	2	0	3
19：00	18	6	0	1	7
19：30	19	1	0	0	1

20：00	20	2	0	1	3
20：30	21	1	0	2	3
21：00	22	1	3	1	5
21：30	23	1	1	1	3
22：00	24	2	2	0	4
22：30	25	1	0	0	1
	Σ				100

1.計算控制界限與中心值：

$CL = \bar{c}$ （樣本缺點數平均　= 4.00

$UCL = \bar{c} + 3\sqrt{\bar{c}} = 10$

$LCL = \bar{c} - 3\sqrt{\bar{c}} = -2$（沒有下控制限）

2.繪製 C 控制圖

圖 11-19　C 控制圖

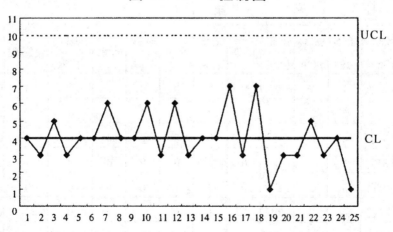

3. C 控制圖之應用要點

(1)C 控制圖要求樣本的容量相同或受檢材料的數量相同，它主要應用於以下兩類檢驗：

①不合格分佈在連續的產品流上（如每匹布的瑕疵，玻璃上的氣泡等）；

②在單個的產品檢驗中可能發現許多不同潛在原因造成的不合格（如，某個零部件可能存在一個或多個不同的不合格）。

(2)樣本的容量（零件的數量、織物的面積、電線的長度等）要求相等，這樣描繪的 C 值才能反映品質性能的變化。

(3)在 QS9000、VDA6.1 與 TS16949 的實施中，適用於產品審核之控制。

(4)適用於計點值控制圖。

案例（八）：U 控制圖（單位缺點數控製圖）

表 11-11

檢驗時間	樣本號	樣本容量	面布起痕	漏染	克重不夠	脫色	織數不夠	縮水	耐磨度不夠	缺點數	U
6月1日	1	3	0	0	0	0	0	1	0	1	0.33
6月2日	2	3	1	1	0	0	0	0	0	2	0.67
6月5日	3	3	0	0	0	0	0	0	0	0	0.00
6月8日	4	3	0	0	0	0	0	0	0	0	0.00
6月10日	5	3	0	0	0	1	0	0	0	1	0.33
6月12日	6	3	0	0	1	0	0	0	0	1	0.33
6月13日	7	3	0	0	0	0	0	0	0	0	0.00

續表

日期										
6月17日	8	3	1	0	0	0	0	0	1	0.33
6月20日	9	6	0	1	1	0	0	0	2	0.33
6月22日	10	6	0	0	0	1	0	1	3	0.50
6月26日	11	6	0	0	1	1	0	0	2	0.33
6月28日	12	6	1	0	0	0	0	0	1	0.17
7月1日	13	6	0	0	0	0	0	0	0	0.00
7月5日	14	6	0	1	0	0	0	1	2	0.33
7月9日	15	6	1	1	0	0	0	1	3	0.50
7月10日	16	6	0	0	0	1	0	0	1	0.17
7月11日	17	9	1	0	0	0	1	1	3	0.33
7月15日	18	9	0	1	0	1	0	0	2	0.22
7月16日	19	9	1	0	0	0	0	0	1	0.11
7月21日	20	9	0	0	1	0	1	0	3	0.33
7月23日	21	9	1	1	0	0	0	0	2	0.22
7月24日	22	9	0	1	0	1	0	1	3	0.33
7月25日	23	9	1	0	0	0	0	0	1	0.11
7月26日	24	9	0	1	1	0	1	0	4	0.44
7月29日	25	9	0	0	1	0	0	1	2	0.22
Σ		153	8	8	6	7	1	7	4	41

　　應記錄人員、材料、設備、方法、環境或測量系統中的任何變化，控制圖上出現信號時，這些記錄將幫助你採取糾正或改進過程的措施。

日期	檢驗者	備註
		從7月1日開始使用6月1～28日的值進行現行控制

為考核某布匹的品質水準,檢驗員分別在不同時間的同一批布抽取容量不同的樣本,(單位 m^2)得到的缺點數統計如下表,請畫出 U 控制圖。

1.計算平均單位缺陷數

$$\bar{u} = \frac{\sum_{i=1}^{k} c_i}{\sum_{i=1}^{k} n_i} = \frac{41}{153} = 0.27$$

2.計算 1～8 號樣本上下控制限(n＝3)

$$UCL = \bar{u} + 3\sqrt{\frac{\bar{u}}{n}} = 0.27 + 3\sqrt{\frac{0.27}{3}} = 1.17$$

$$LCL = \bar{u} + 3\sqrt{\frac{\bar{u}}{n}} = 0.27 - 3\sqrt{\frac{0.27}{3}} = 負數(無意義)$$

——計算 9～16 號樣本控制界限(n＝6)

$$UCL = \bar{u} + 3\sqrt{\frac{\bar{u}}{n}} = 0.27 + 3\sqrt{\frac{0.27}{6}} = 0.90$$

$$LCL = \bar{u} + 3\sqrt{\frac{\bar{u}}{n}} = 0.27 - 3\sqrt{\frac{0.27}{6}} = 負數(無意義)$$

——計算 17～25 號樣本控制界限(n＝9)

$$UCL = \bar{u} + 3\sqrt{\frac{\bar{u}}{n}} = 0.27 + 3\sqrt{\frac{0.27}{9}} = 0.78$$

$$LCL = \bar{u} + 3\sqrt{\frac{\bar{u}}{n}} = 0.27 - 3\sqrt{\frac{0.27}{9}} = 負數(無意義)$$

1.繪製 U 控制圖

繪製 U 控制圖,如圖 11-20 所示。

2. U 控制的應用要點

⑴ U 控制圖的對像是用來測量具有容量不同的樣本(受檢材料的量不同)的子組內每檢驗單位產品之內的不合格數量。

⑵除了不合格數量是按每單位產品為基本量表示以外,它與 C 圖是相似的。

⑶ U 圖和 C 圖適用於相同的數據情況,但如果樣本含有多

於一個「單位產品」的量，爲使報告更有意義時，可以使用 U圖。

⑷在不同時期內樣本容量不同時必須使用 U 圖。

⑸適用於計點值控制圖。

圖 11-20　U 控制圖

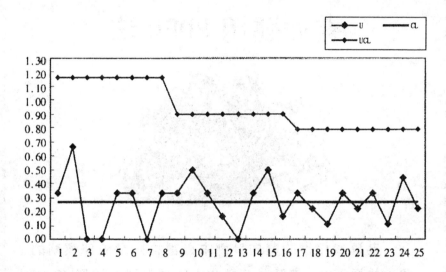

心得欄

_____

_____

_____

_____

_____

_____

第 *12* 章

有效運用 PDPC 法

　　為達成目標的實施計劃未必都會照原先所預測的
順序推展下去，有時甚至發生未曾預料到的情形，而導
致停頓無法進行，或是發生重大事故。PDPC 法可以防
止上述事情的發生，能事先預測各種可以想像到的結
果，盡可能將計劃的進行引導至所希望的理想方向的一
種方法。

　　PDPC 法針對每一過程的可能結果，事先採以各種
防範措施，並隨著事態的發展，一面預測一面修正，使
結果導向預期目標。

　　隨著時代的變遷，事象越來越多樣化、複雜化，企業處在這變化快速的環境中，爲解決問題、達成目標，雖然在事先均有週密的計劃，但由於各種情勢的變化，往往會被迫修改當初的計劃，否則方案或措施將被拖延，甚至夭折，以致無法達成預期的目標。

一、PDPC 法的基本定義

　　如果能在事先就依事情的進展而設想各種可能的結果，推測達成目標的各種過程，不但易於找出最佳方案，提高達成目標的概率，在遭逢問題時，更可機動地、迅速地採取對策。

　　日本國立公害研究所所長近藤次郎博士，服務於東京大學工學部期間，適逢東大紛爭，爲瞭解該事件最後將如何，於是詳細剖析其前途與進展過程，其使用的方法經過系統化後，被稱爲過程決定計劃圖法（Process Decision Program Chart），取其英文字首命名爲 PDPC 法，目前廣泛應用於企業界，被當做 OR(operation research)的一種方法。

　　以新產品開發來說，要明確掌握顧客的要求品質，並且要知道如何適時地將新產品推到市面上。爲達到此目的，在設計品質時，要充分把握住顧客要求的製品機能，更要考慮製品於使用時不致對使用者或環境等造成重大不良影響；另外，交貨日期和成本方面也要加以考慮。由於影響新產品能否順利上市的變數相當多，因此，常常無法按既定的計劃來進行，在過程

中遭逢問題時，有時需修正計劃使其不致偏離原先設定的目標。

　　隨著事態的進展，事先設定各種結果，而將問題導向最希望的結果，稱爲 PDPC 法。即從計劃策定開始，至到達一個或數個最終結果的過程或順序，依時間的推移，以箭線所結合的圖形。

　　爲達成目標的實施計劃未必都會照原先所預測的順序推展下去，有時甚至發生未曾預料到的情形，而導致停頓無法進行，或是發生重大事故。PDPC 法可以防止上述事情的發生，能事先預測各種可以想像到的結果，盡可能將計劃的進行引導至所希望的理想方向的一種方法。

　　由於 PDPC 法針對每一過程的可能結果，事先採以各種防範措施，並隨著事態的發展，一面預測一面修正，使結果導向預期目標，因此，又稱爲潛在問題分析法(potential problem analysis)。又由於其可用於重大事故的防止，因此，也稱爲重大事故預測圖法。

　　PDPC 法的觀念如圖 12-1 所示。卻從不良狀態 A 到達理想狀態 Z，需經 $A_1 \to A_2 \to A_3 \cdots \cdots \to A_p$ 等一系列過程。能依此過程圓滑地進行，當然是最理想，但往往無法如願，如果 A_3 的實現困難度相當高的話，可能就要從 $A_2 \to B_1 \to B_2 \cdots \cdots \to B_q$ 等過程來進行。如果這兩個過程都行不通，可再考慮 C、D 過程，甚至其他方案。

　　如果 Z 是不希望的狀態，即重大事故的場合，則要設法使 A_0 到 Z 的路徑不致連接。

圖 12-1　PDPC 法的觀念

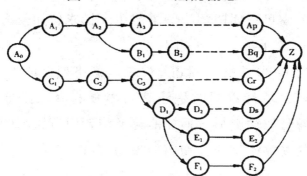

二、PDPC 法的應用技巧

PDPC 法最適於應用在「非做做看不可」的工作，其應用範圍有越來越廣的趨勢，在未來的企業經營管理中，將佔著很重要的地位。其常見的應用範圍如下：

　1.新產品、新技術的開發主題的實施計劃決定。

　2.目標管理中實施計劃的擬訂。

　3.重大事故的預測及其對策的擬訂。

　4.制程中不良對策的擬訂。

　5.妥協過程中的對策研擬與選擇。

　6. CWQC 活動實施計劃的擬訂。

PDPC 法已廣泛應用於生產性的提高、技術開發、改善公害、防止事故、提高製品安全性等，相信今後將更擴大其使用範圍，如果能再與其他手法搭配使用，將可發揮更大功用。

　解決問題不只靠手法的運用，需結合原有的經驗、專業技

術及管理技術等，加以靈活運用才可。PDPC 法的運用，除了原有的知識，尚可在問題解決的檢討中，探求新知及方法，可說 PDPC 法是動的手法，是活的手法。

在使用 PDPC 法解決問題時，需注意下列事項：

1. PDPC 法最重要的是隨著新事實的發現或是事態的進展，必須隨時改變圖形，追加能夠解決新阻礙原因的手段。

2.製作從開始到達非期望結果的 PDPC 圖時，可能非期望的結果相當多，此時，並不需將所有非期望的結果都舉出，只要樂觀地進行就可以了。

3.最終結果也可能相當多，但在製作時，只選其中一個來製作，完成之後，再考慮製作到達其他結果的圖形。

4.製作圖形是隨著時間的經過來製作，遇到阻礙時，可朝相反目標來思考。

5.如果朝非期望的不好方向進行時，可以在某處導入對策，以切斷路線的連接，使其不再朝此繼續進行。

6.會有再返回到出發點的情形，不過，這並沒有關係。

7.曾經在前面出現過的相同狀態，可以再度提出來引用。

8.也可能形成部分封閉的回饋路線。

9.要設法不使箭頭之間的交叉情形太多，否則圖形看起來會很雜、很亂，也可能會因之分不清前後關係。

10.最希望的路線最好能很容易和其他路線區別出來。

11.製作 PDPC 圖，在想像不順利的情況下，或在連接導致最終結果的不安要素時，要由各角度去縝密考慮實施後不理想的結果，不要存著「不可能有這回事？」「不會這樣做吧？」的

想法，否則會使思考受挫。

12.在實施階段，應確實瞭解其實施的結果，必要時，制定新對策，逐次追加實施事項，以充實計劃。

三、PDPC 法的製作流程

PDPC 法的製作程序並沒有一定的規範，完全視實際狀況而定，其基本流程如下：

1.集合有關人員，針對欲解決的主題開會討論。

2.從自由討論中，選出必要檢討的事項。

3.考慮在實施所選出的事項時，將會有什麼結果，並將之列舉出來。

4.將各檢討事項依重要度、所需工時、實施可能性、難易度等加以分類及評價。對於當前要著手的事項，其可預計的結果，再往後預測規劃應做什麼，並以箭頭連向期望狀態。

5.對於性質不同的內容，視其相互關連，決定優先順序。

6.決定實施的負責人，並預估完成的時間。

7.依最初製作的 PDPC 圖，具體實施，並定期集會檢討進行的情況，必要時作實施項目的修正及追加，或製作新的 PDPC 圖。接下來，按逐次展開型、強制連結型分述如下：

(一)逐次展開型的 PDPC 畫法
流程一：決定出發點與目標
確定掌握出發點與目標，將出發點寫在全開大的模造紙中

央上方，以▢框起來，而目標則寫在模造紙中央的下方，以◯框起來。

流程二：擬訂期望中的計劃

推演出發點至到達目標爲止的實施事項，而擬出期望中的計劃。將實施事項以▢框起來，預測的結果以◯框起來，而其經過路線以雙重箭號⇨連接起來。如圖 12-2 的(1)。

流程三：想像不順利的情況

由各種角度考慮實施後不理想的結果，並如圖 12-2 的(2)一般，由實施事項劃出⇨，將不順利的預測情況寫出來，以◯框起來。

圖 12-2 逐次展開型 PDPC 繪製流程圖

1.期望中的計劃

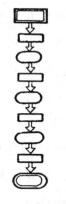

2.不順利狀況追加實施事項

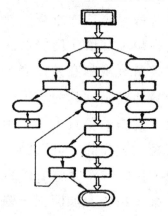

流程四：擬訂實施前的計劃

不順利的情況，必須重新研擬對策，否則無法達成目標，因此，必須如圖 12-3 的(1)般，追加一些實施事項，使回到期望中的計劃路上。但對於一時無法想出解決方案的情況，則暫

時保留，以?表示。箭號有可能回到前面的事項或事象，形成所謂的回饋循環。

流程五：將計劃逐次展開

以上的圖是於實施前的計劃階段畫出。接下來即進入實施階段，已實施之處畫上粗的箭號⇨，記入實施的日期。在進展過程中，如果認爲絕對無法達到實施前所訂的目標時，有時也制定改善目標，以◯表示，然後擬訂邁向該目標的計劃。圖12-3 中的(2)，其粗的箭號⇨到達目標，所以，是個成功達成目標的 PDPC，可說按當時所設想的情況來達成。

圖 12-3　逐次展開型 PDPC 繪製流程圖

1.預測不順利的情況　　　　2.實際實施情況

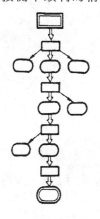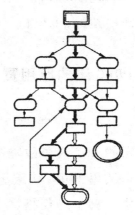

（二）強制連結型的 PDPC 畫法

流程一：決定初期的狀況與最終的結果

將初期的狀況寫在全開大的模造紙的上方中央，以□框起來。然後將導致重大事態的最終結果寫在模造紙下方的中央，以粗的雙重圓形框◯框起來。

流程二：將導致最終結果的不安要素連接起來

將導致最終結果的不安要素寫下來，並按先後順序連接起來。形成不安要素的事象，全部以 ☐ 框起來，其路線以 ⇨ 表示。

流程三：將不致造成重大事態的不安要素寫在週圍

將不致造成重大事態的要素，以細的箭號 → 畫到旁邊畫上「▽」記號，視為「沒問題」。

流程四：擬訂對策

導致重大事態的不安要素全部列出後，即研擬使其不致造成重大事態的對策，然後評估對策的可行性，將可實施的對策寫在圖中不安要素的前面，最後考慮事態的重大性與預防的效果，由圖上所列的對策中選出能避免其發生的對策。如此，即完成強制連結型的 PDPC 圖。

四、PDPC 法的應用實例

案例（一）：

某公司的 MCT 夾子故障多，經探討是因線斷及 PIN 斷所造成的，於是利用 PDPC 法來尋求標準夾子的規格。如圖 12-4。經試驗結果，夾子的規格為：

1. 夾子線長 12cm。

2. 夾於焊接加保護板。

3. PC 板尺寸：4cm×3cm 5cm×4.5cm 4.5cm×2.8cm。

4. 夾子製作：穿線後再焊接。

5. 焊點先切割再以清潔劑清潔。

6.夾子改用整排的 PIN。

7.夾於前後腳多空一支 PIN 不用。

8.夾子加保護線。

圖 12-4　標準夾子之 PDPC 圖

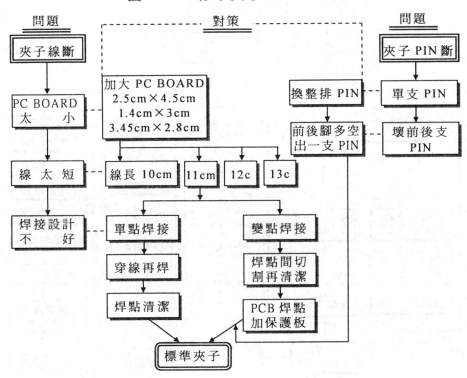

案例（二）：

　　某公司在製品開發的量產階段，發現了一時無法克服的品質問題，根據推測，可能 MB 這項原料的耐熱性有問題，於是由商品研究所、中央研究所、製造單位等共同利用 PDPC 法來進行研究改善。最後判知 K 物質的添加量有問題，減少用量後即解

決問題。另外，也找到可替作 K 物質的 L 和 M 原料，但價格較
昂貴。如圖 12-5。

圖 12-5　研究開發的 PDPC 圖（逐次展開型）

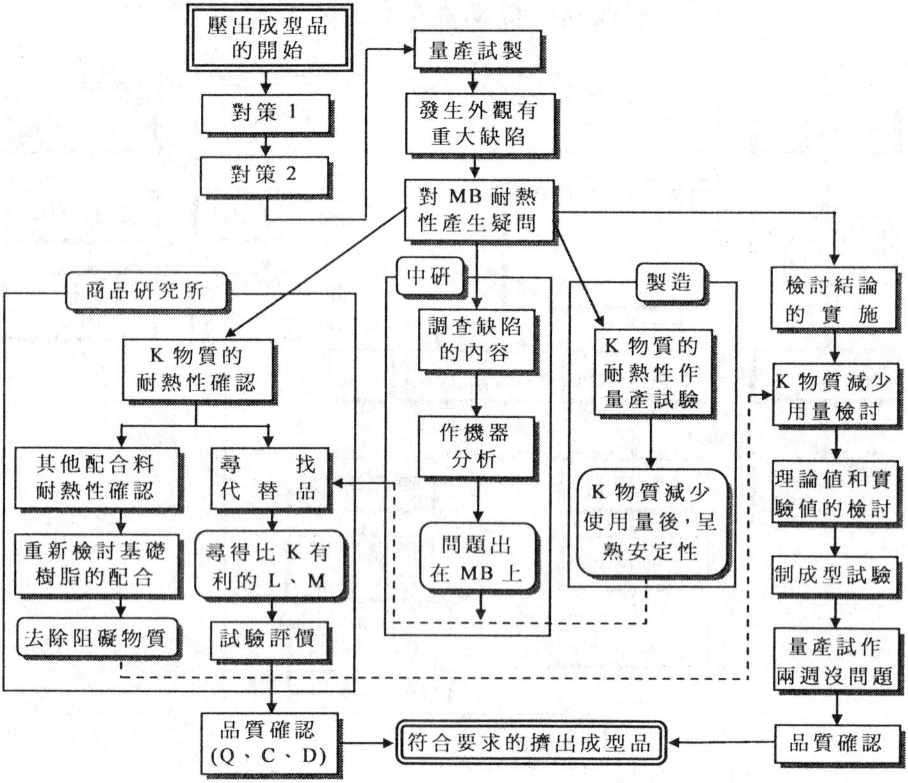

案例（三）：

　　某機械製造公司，有一次，Y 公司主動向其詢及 MC 的採購
事宜，如果能和 Y 公司談成這筆生意，將可提高 MC 是項產品的
市場佔有率，並可預期今後的業績將持續成長，於是董事長指
示營業部長務必談成這筆生意。營業部長於是利用 PDPC 法來協

助其達成任務。如圖 12-6。

圖 12-6　「與 Y 公司談妥 MD 生意」的 PDPC 圖（逐次展開型）

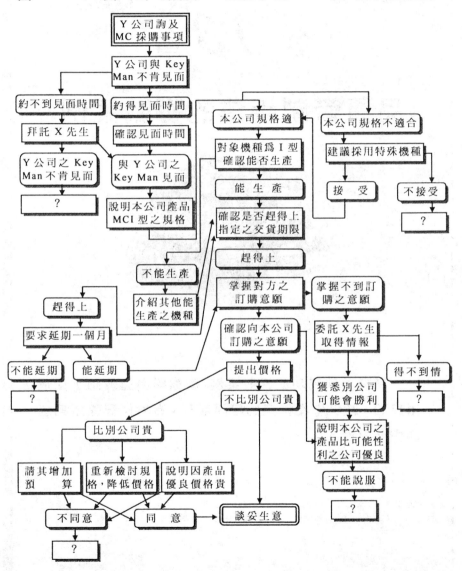

第 *13* 章

品質管制手法的實戰案例

　　通過下列成功的經典案例，讓你對品質管制手法運用自如，減少生產作業的錯誤環節，有效達到你所期望的生產目標。

案例一：減少月報製作的錯誤

東京重機工業公司，從事家庭用縫紉機、工業用縫紉機、電腦週邊設備、打字機的製造與銷售，以及音響、錄影機等家電製品的銷售。這些產品均因具有高信賴性，而受消費者喜愛。

屬於家庭製品事業支店的事務課，負責將全國各支店送來的資料輸入電腦，統計整理後，提供公司經營之參考。

（一）選定題目

全課人員實施腦力激盪法，共同討論作業內的問題點，並予以評價，結果整理成矩陣圖（圖 13-1），發現月報製作錯誤多為重要問題點，而月報之製作流程如圖 13-2。

圖 13-1　問題點評價矩陣圖

作業名稱	問題點	重要度	迫切度	經濟性	期限內完成否	自己能否解決	合計	數值化 ◎○△× 3 2 1 0　0　5　10　15
操作	集中於截止日期後	△	△	△	×	×	3	
	畫面不容易看	○	◎	△	◎	◎	12	（提案改善）
	檢查時間短	○	△	△	×	×	4	
月報製作	錯誤多	◎	◎	○	◎	◎	14	
	費時	△	○	○	○	○	9	
		○	○	○	△			

圖 13-2　月報製作流程

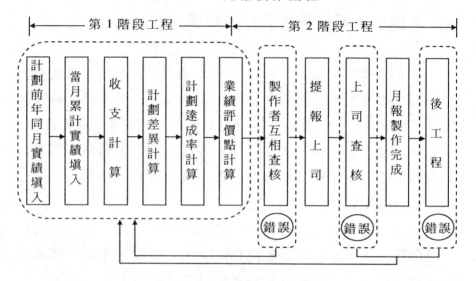

(二)選題理由

1.第 1 階段工程錯誤為每月平均 21 件，浪費了 750 分鐘之多。

2.月報製作錯誤會影響事業部的獎勵，及部長的薪資。

3.月報製作錯誤影響決策者的判斷。

(三)改善目標

1.第 1 階段工程的錯誤減至 5 件(1 人 1 件)。

2.第 2 階段工程的錯誤目標定為 0 件。

3. 5 個月內完成改善。

(四)掌握現狀

將第 1 階段工程所發生的錯誤加以分層區別，如圖 13-3。

圖 13-3　第 1 階段工程錯誤層別柏拉圖

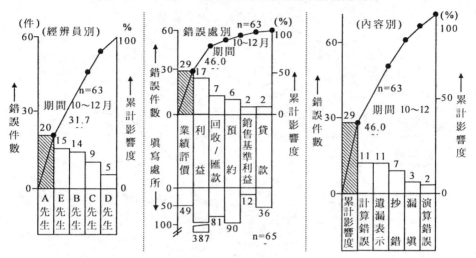

1.按經辦員層別——A 先生錯誤最多。

2.按錯誤處層別——業績評價錯誤最多。

3.按內容層別——作業要領錯誤最多。

（五）解析

　　根據現狀掌握之層別資料，分別探討原因。錯誤處別中，以業績評價錯誤最多，經關連圖解析，找出真正發生的原因為：

　　1.表格之項目表現不清楚。

　　2.知識缺乏。

　　3.評價基準表難用。

　　更進一步，再將之整理成矩陣圖。

圖 13-4　業績評價產生錯誤的原因關連圖──矩陣圖

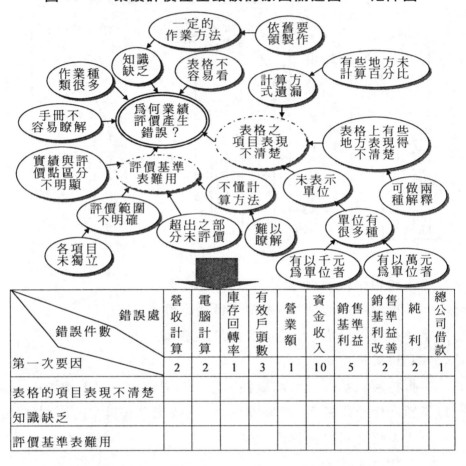

錯誤件數　　　　錯誤處	營收計算	電腦計算	庫存回轉率	有效戶頭數	營業額	資金收入	銷售基準利益	銷售基準利益改善	純利	總公司借款
第一次要因	2	2	1	3	1	10	5	2	2	1
表格的項目表現不清楚										
知識缺乏										
評價基準表難用										

(六)對策

　　根據所找出的第一次要因，依序展開對策，然後按其效果及實現性加以評價，做成系統──矩陣圖，如圖 13-5。按工作分配與實施計劃實行後，遇到困難，便請主管擔任講師，舉辦研習會。接著提出了以下對策：

圖 13-5　對策展開之系統——矩陣圖

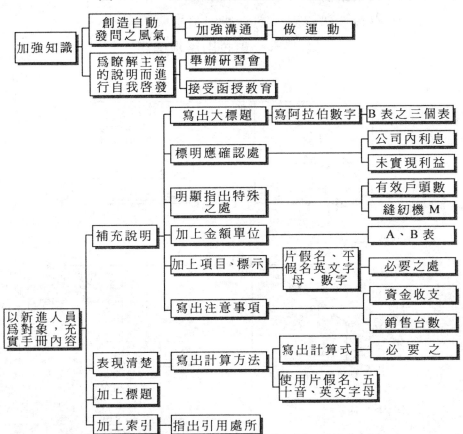

　　1.月報手冊附加說明填寫要領、計算方法，並以英文字母、數字、五十音表示，使新進人員亦能瞭解。

　　2.每月舉辦研習會一次，以彌補知識缺乏。

　　3.評價基準表要追加範圍之外所有的分數，及附加列舉出其計算方法的例子。

（七）效果確認

1.經辦員、錯誤處、內容層別柏拉圖確認。

圖 13-6 柏拉圖層別確認

(1)經辦員別

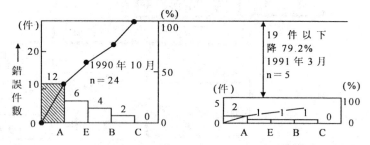

(2)錯誤處別

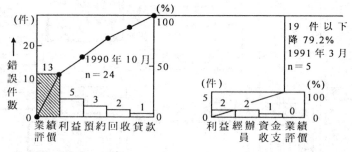

(3)內容別

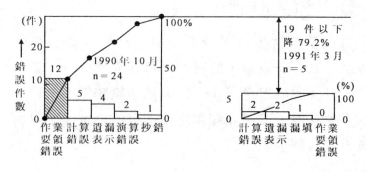

2.第 1 階段、第 2 階段工程錯誤推移圖（圖 13-7）。

圖 13-7　工程錯誤的改善前後推移圖

（第 1 階段工程錯誤之推移）

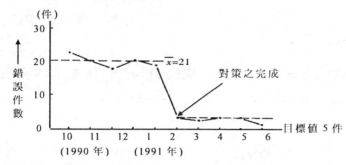

（第 2 階段階段錯誤之推移）

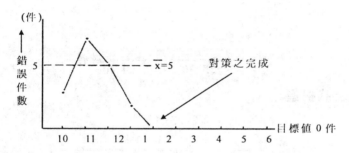

3.無形成果雷達圖比較（圖 13-8）。

圖 13-8　無形成果的改善前後雷達圖比較

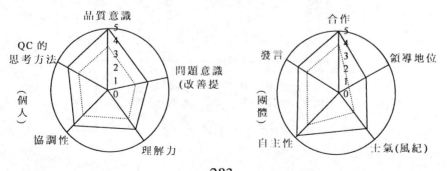

- 283 -

案例二：降低電源供應器半成品測試不合格率

為降低電源供應器半成品測試不合格率而實施流程如下：

1.問題描述

電源供應器 BPS-150 半成品測試不合格率，2008 年第 34 ～40 週如推移圖所示，平均為 P＝13%。

圖 13-9

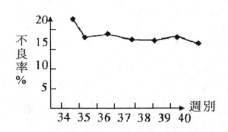

2.現狀把握

圖 13-10

不良台數	電源中止信號不佳	超載保護不良	不開機	電壓叉變交動率不良	過電壓保護不良	電源正常信號不佳	其他
	11	9	8	7	5		

3. 要因分析

圖 13-11

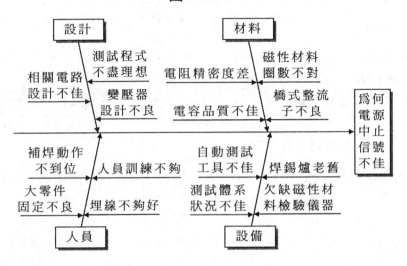

4. 對策評價（再現實驗）：

表 13-1

不良項目	主要原因	對策	可行性	有效性	經濟性	評價結果
電源中止信號不佳	相關電路設計不佳	修改電路求出最佳電阻值	⊙	⊙	⊙	15
	電阻精密度差	改購精密度±1%的電阻	⊙	◯	◯	11
	缺乏磁性材料檢驗設備	添購一台相位圈數比儀器	◯	◯	◯	9

⊙：5分　　　　◯：3分　　　　△：1分

5.可行方案對策實施

表 13-2　可行方案對策實施

不良項目	根本要因	對　策	改善單位	執行人	完成日期	確認結果
電源中止信號不佳	有關電路設計不佳	R34，R35，R45均更改電阻值	生產技術	×××	2009.5.26完成	改善率100%
	電阻精密度不夠	R34，R35 精密度改成±1%	生產技術	×××	2009.9.20完成	改善率95%
	缺乏磁性材料檢驗設備	添購一台相位圈數比儀器	品質工程	×××	2009.11.5完成	改善率75%

6.效果確認

圖 13-12

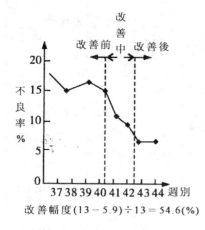

改善幅度(13 − 5.9)÷13 = 54.6(%)

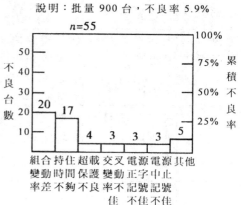

說明：批量 900 台，不良率 5.9%

7.標準化

表 13-3　標準化

編號	不良內容	標準化做法	實施日期	標準書編號
1	R34，R35，R45 電阻值不正確	修改投料表，R34：3.9kΩ 修改為 3.74kΩ，1/4W；R35：6.2kΩ 修改為 6.49kΩ，1/4W；R45：100kΩ 修改為 330kΩ，1/4W	2009.9.20	
2	電阻精密度不夠	修改投料表，R34：3.9kw±5%修改為 3.74kΩ，1%；R35：6.2kΩ±5% 修改為 6.49kΩ，±1%	2009.9.25	
3	缺乏磁性材料檢驗設備	添購一台相位圈數比測量儀器，IQC 依照產品承諾書所列規格檢驗	2009.11.5	

8.總結

經由這次分析改善，不良率從 13%降至 5.9%，改善率為 54.6%，但此數字仍不夠理想，因此下次目標制訂不良率降至 3%。

案例三：提高輪胎成型之能率

某橡膠株式會社生產耐磨、剎車效能好、不易爆胎的輪胎。

輪胎成型的過程是由一位作業員操作一部機械，將各種材料配合而成半成品的輪胎，因此，機械動作的速度、人動作的快慢，以及該作業以外的零件更換速度等，都影響到能率的高低。屬於工廠製造第二課的第二成型班，想提高輪胎成型的能

率。

（一）選題理由

1. 1990 年，廠長方針之一為提高輪胎成型能率 10%。

2.上級交代的工作量，希望能在規定的時間內完成。

（二）掌握現狀

1. 2～3 月的能率製成直方圖。（如圖 13-13）

圖 13-13　2～3 月能率直方圖與班別直方圖

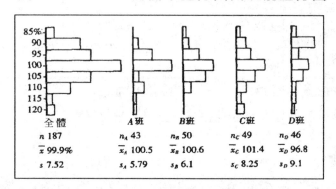

2.按班別加以層別，低於 100%者為 D 班。

（三）設定目標

10 月底以前提高能率 7%。

（四）解析原因

利用關連圖解析成型能率不好的原因，結果如下：

1.達成意願低。

2.目標不明確。

3.生產技術不足。

4.等待時間長。

5.部品更換不易。

圖 13-14　成型能率低原因關連圖

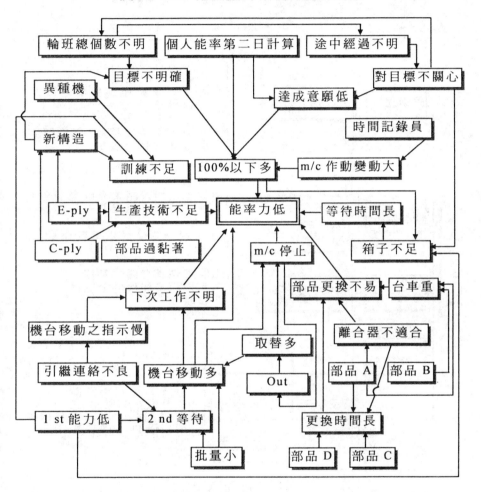

（五）展開對策與實施計劃

根據關連圖所找出的要因，以系統圖展開如圖 13-15，對策經評價後，具體可行者則訂出實施計劃。

圖 13-15　對策展開與評價的系統圖

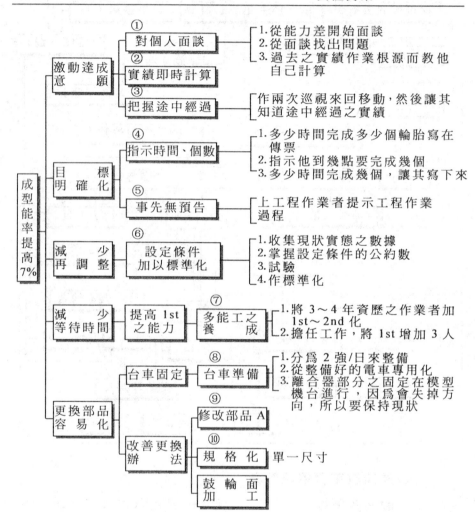

目標　一次手段　　　　　二次手段　　　　　　具體對策

① 對個人面談
1. 從能力差開始面談
2. 從面談找出問題
3. 過去之實績作業根源而教他自己計算

② 實績即時計算

③ 把握途中經過
作兩次巡視來回移動，然後讓其知道途中經過之實績

④ 指示時間、個數
1. 多少時間完成多少個輪胎寫在傳票
2. 指示他到幾點要完成幾個
3. 多少時間完成幾個，讓其寫下來

⑤ 事先無預告
上工程作業者提示工程作業過程

⑥ 設定條件加以標準化
1. 收集現狀實態之數據
2. 掌握設定條件的公約數
3. 試驗
4. 作標準化

⑦ 多能工之養成
1. 將 3～4 年資歷之作業者加 1st～2nd 化
2. 擔任工作，將 1st 增加 3 人

⑧ 台車準備
1. 分為 2 強/日來整備
2. 從整備好的電車專用化
3. 離合器部分之固定在模型機台進行，因為會失掉方向，所以要保持現狀

⑨ 修改部品 A

⑩ 規格化　單一尺寸

鼓輪面加工

激動達成意願

目標明確化

減少再調整

減少等待時間

提高 1st 之能力

台車固定

更換部品容易化

改善更換辦法

成型能率提高 7%

（六）確認效果

從 4 月起，陸續實施對策改善。

1. 8～9 月能率直方圖（如圖 13-16）。

圖 13-16　8～9 月能率直方圖

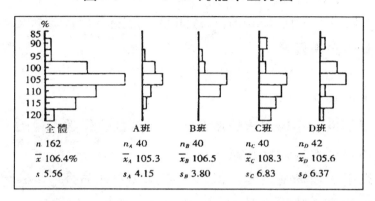

	全體	A班	B班	C班	D班
n	162	n_A 40	n_B 40	n_C 40	n_D 42
$\overline{x}$	106.4%	$\overline{x}_A$ 105.3	$\overline{x}_B$ 106.5	$\overline{x}_C$ 108.3	$\overline{x}_D$ 105.6
s	5.56	s_A 4.15	s_B 3.80	s_C 6.83	s_D 6.37

2. 改善前後推移圖比較（如圖 13-17）。

圖 13-17　成型能率

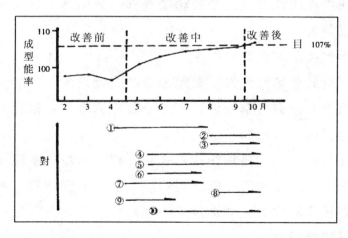

由推移圖可看出，10 月的成型能率已超過 107%的目標。

案例四：最高階層的目標或長期方針的擬訂

在「品質至上」的理念下，某精機株式會社以「Quality Com Pany」為目標，自 1965 年 8 月開始，每隔 5 年設定預期目標。

（一）企業目標

於 1976 年 4 月，設定了 5 年後（即 1980 年）的兩大目標：

1.對社會的貢獻：

提供適合市場需求的產品，並配合社會保護環境的要求。

2.提高經營活動的質：

從事生產高品質產品體系，並保證產品品質，以強化技術能力、培育人才為重點。

配合這兩大目標，更引進下列事項來實施：

(1)除以部門別為主的全公司稽查外，更引進了以機能別為主的稽查制度。

(2)強化產品的企劃機能。

(3)著重於計劃階段的品質保證體制的確立。

(4)培育人才與推動輪調系統，並強化管理人員教育。

(5)建立經營的情報系統。

也就是說，愛新精機株式會社的目標是「給予全體員工明日的理想，並將公司的目標鮮明的印在員工的腦海裏。亦即，目標是經營者的理想，更是員工的理想。」

（二）設定目標

目標的設定流程如下：

1.草擬最高階層的目標。

根據所處環境及公司情況，設定基本目標及方向，並經全體董監事人員長久且認真討論後，再做成決定。

2.檢討達成目標的策略。

由各部門經理及課長級人員，根據目標檢討達成的策略。

3.最高階層設定目標。

最高階層根據各部門所檢討出的策略，考慮其實現的可能性，再加上若干的理想，設定公司的目標。

（三）擬訂長期經營計劃

長期計劃以某一年度為目標來設定，或每 5 年設定一長期計劃，每年重新加以檢討、修正。

（四）介紹實例

圖 13-18 為一目標案設定的實例。先考慮有關企業環境的各種數值情報，並收集有關今後方向的語言資料，利用 KJ 法加以整理，濃縮出改善的方向。接著再以關連圖法探索阻礙的原因，並用系統圖法整理出消除這些阻礙原因的對策。

各部門就所提出的這些對策，利用關連圖法來找出與自己有關連的方案，並評價其重要度，將結果回饋給最高階層，以便其進行調整。

最高階層將各部門呈報的各種方案，及本身設定的目標，以矩陣圖加以整理，探討其相關性，並加上公司的理想，制定最後的目標及長期方針。

圖 13-18　目標設定實例

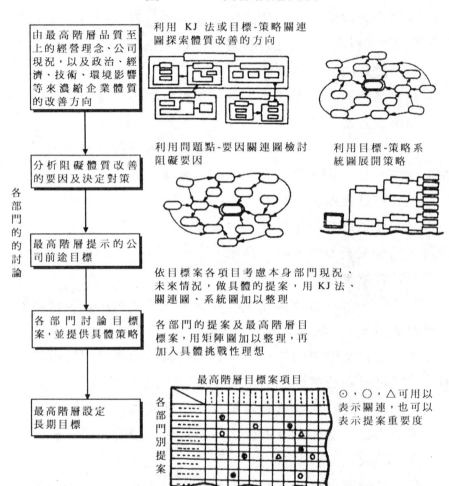

案例五：紙箱正反版面錯釘問題改善

為改善紙箱正反版面錯釘的問題，制定流程如下：

1.問題描述

客戶抱怨最多的為紙箱正反版面錯釘的問題。

2.現狀把握

資料時間：9.1～9.30

圖 13-19　柏拉圖分析

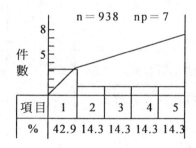

不良現象	正反版面錯釘	軋製未斷	彩圖黑皮多	上下來加釘	盒內處破損	合計
件數	3	1	1	1	1	7
良率	0.3%	0.1%	0.1%	0.1%	0.1%	0.7%

柏拉圖：n＝938　np＝7

項目	1	2	3	4	5
%	42.9	14.3	14.3	14.3	14.3

3.特性要因分析

圖 13-20

作業者
　經驗不足→拿錯
　新手→疏忽
教育不足

設備
　印刷後未標示
軋製未標示→
合紙後未標示→

釘合處未標示正反字樣

機種混合→半成品混料

制程急插件→

未分開放置→

紙張　　方法

為何正反版面錯釘

- 295 -

(续)

5	1	2	3	4	5
個為什麼	為什麼正反版面會釘錯?因正反版面會混合	為什麼正反版面會混合?因為正反版面未標示	為什麼正反版面未標示?因紙張未加印字樣區別		

4.對策評價（再現實驗）

表 13-4　對策評價

不良項目	主要原因	對　策	可行性	有效性	經濟性	評價結果
紙張混合	釘合處未標示	在釘合處加印正反字樣	⊙	⊙	⊙	15
正反版面錯釘	機種混合	分開放置並加以標示	⊙	○	○	11
人員不熟練	缺乏材料檢驗設備	新進人員做好在職教育訓練	△	⊙	△	7
半成品混料	標示不清楚	每機板插牌標示	⊙	⊙	⊙	15

⊙：5分　　　　　　○：3分　　　　　　△：1分

5.可行方案對策實施

表 13-5　可行方案對策實施

不良項目	根本要因	對策	改善單位	執行人	完成日期	確認結果
紙張混合	釘合處未加標示	在釘合處加印字樣區別	製版班	×××	9.1	9.1
半成品混合	標示不清楚	每機板插牌標示說明	彩印班	×××	9.3	9.4

6.效果確認

圖 13-21

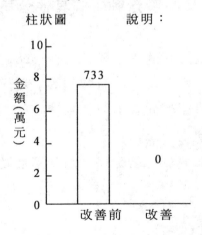

柱狀圖　　　　　說明：

金額（萬元）

10

8　　733

6

4

2　　　　　　　　0

0

改善前　　改善

7.標準化

表 13-6　標準化

編號	不良內容	標準化做法	實施日期	標準書編號
1	紙張混合	在釘合處加印字樣區別	5.10	
2	半成品混合	每台機板插牌標示	5.10	
3	機種混合	分開放置並註明標示	5.10	

8.總結

效果確認，在短暫的一個月時間裏，未必表示永久有效，必須再追蹤半年或一年。正確手法的運用可以得到事半功倍的成果，減少不必要的摸索，這是最大收穫。

案例六：在品管圈活動中向其他公司學習

某制鐵君津制鐵所的兩位幹部，於 1981 年 7 月參加大學的品管圈研修團，爲了此行能有豐碩的收穫，利用所學得的品管新七手法來探討如何向其他公司學習。

（一）掌握現狀

利用關連圖來解析自己公司的品管圈活動的問題點。問題點如下：

1.整體活動。

(1)活動氣氛未養成。

(2)發表大會不夠熱烈。

(3)研修後的追蹤不夠。

(4)充實感的活動不夠。

(5)組織上的支援太少。

(6)欠缺教育環境。

2.圈長。

(1)對自己是品管圈活動的主要人物的認識不夠。

(2)缺乏領導能力。

(3)沒有全員參與計劃。

3.圈員。

(1)幹勁不足。

(2)無法適當使用手法與技巧。

(3)缺乏問題意識。

(4)向他人學習的精神不夠。

(5)自學的精神不夠。

(二)明確學習重點

　　根據關連圖所找出的大要因，利用系統圖來展開，找出那些是需要向其他公司學習的事項，接著並用矩陣圖來整理，看要向那個公司的人問什麼樣的問題。圖 13-22 為部分圖形。

(三)改善方向研擬

把向其他公司的人所詢問的事項，製成手段的系統圖，並利用矩陣圖來評價，以求得今後改善的方向。其結果如圖 13-23。

圖 13-22 學習重點明確化的系統——矩陣圖(部分圖形)

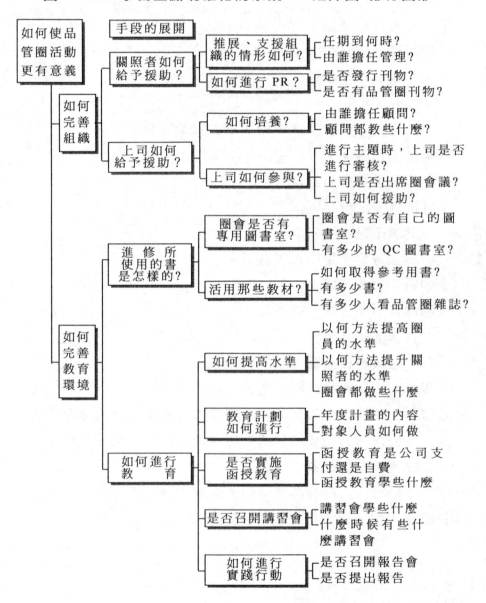

圖 13-23　今後的改善方向之系統──**矩陣圖**

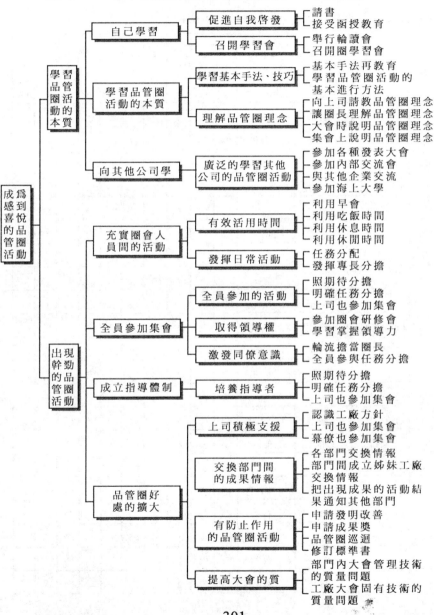

表 13-7

(評價點 ◎…3 點 ○…2 點 △…1 點 ×…0 點)

頻率	其他公司狀況	現狀		評價			自己			協力者			
		矢野	盆子	效果	實現性	等級	幹事	圈長	個人	幹事	成員	上司	事務員
3 冊/月	1 冊/月	2 冊/月	2 冊/月	○	◎	3			◎	○			
1 回/年	1 回/年	2 回/年	2 回/年	◎	○	2		◎	○				
1 回/月	1 回/月	無	無	◎	○	2							
1 回/年	1 回/6 月	1 回/6 月	1 回/6 月	○	○	5							
1 回/年	1 回/年	無	無	○	○	5	○	◎		○		◎	○
1 回/年	1 回/年	不定期	1 回/月	○	△	7	◎			○		◎	
1 回/年	?	無	無	◎	○	2	◎			○			◎
大會時	1 回/年	無	無	○	△	7	◎			○		○	
2 回/年	1 回/年	1 回/年	無	○	○	5		◎		○	○		
2 回/年	2 回/年/人	1 回/年/人	3 回/年/人	◎	◎	1	○	◎	◎	◎	○		
2 回/年	1 回/年	1 回/年	1 回/年	◎	△	7	○	◎		○		○	○
1 回/年	1 回/年	2 回/年	2 回/年	◎	○	2	◎	○		○		○	◎
1 回/年	1 回/年	1 回	1 回		△	4	○			○			◎
1 回/5 日	1 回/日	1 回/週	1 回/週	○	○	5		◎		○	○		
1 回/週	1 回/週	無	無	◎	×	6		◎		○			
1 回/週	1 回/週	無	無	◎	×	9	○			○			
2 回/週	1 回/半月	1 回/月	1 回/2 月	○	△	7	○			○			
	有	有	有	◎	○	2	◎			○			
	有	有	有	◎	◎	1	◎			○			
	有	有	有	◎	○	2	◎			○			
	有	有	有	◎	○	2	○			○			

1 回/月	1 回/週	1 回/6 月	1 回/月	△	○	8	○	○				◎
1 回/月	1 回/週	1 回/週	1 回/3 月	○	○	5		◎			○	
1 回/年	1 回/年	無	無	○	○	5		○				○
1 回/年	1 回/年	無	無	◎	○	2	◎					
1 回/年	1 回/年	1 回/2 年	1 回/2 年	◎	◎	1		◎		○		
	有	有	有	◎	◎	1		○		○		
	有	無	無	◎	◎	1					○	◎
	有	無	無	◎	◎	1					◎	
	有	無	無	◎	◎	5						◎
	有	有	有	◎	◎	1		○	○	○	○	◎
1 回/月	1 回/週	1 回/月	1 回/月	○	○	5		◎			◎	
1 回/月	1 回/月	1 回/月	無	◎	△	4		◎				
1 回/2 月	1 回/年	1 回/年	1 回/年	◎	△	4	◎	○		○		◎
1 回/2 月	1 回/年	無	無	◎	△	4	○	○		○		◎
1 回/3 月	2 回/年	1 回/年	無	◎	○	2	◎			○	○	
活動完後	?	無	無	○	○	5		◎			◎	
活動完後	?	1 件	無	◎	○	2		◎		○	◎	
1 回/半年	有	無	無	◎	○	2	◎					
1 回/3 月	有	1 件/6 月	2 件/2 月	◎	○	2	◎			○	○	
3 回/主題	2 回/主題	1 回/主題	1 回/主題	○	○	5	◎	○	○	○		
3 回/主題	3 回/主題	3 回/主題	2 回/主題	○	○	5	◎	○	○	◎	○	

（四）方針與計劃

利用時間尺度箭頭圖整理出今後的計劃，分配什麼人要在什麼期限前完成什麼任務。如圖 13-24。

圖 13-24　今後的方針與實施計劃箭頭圖

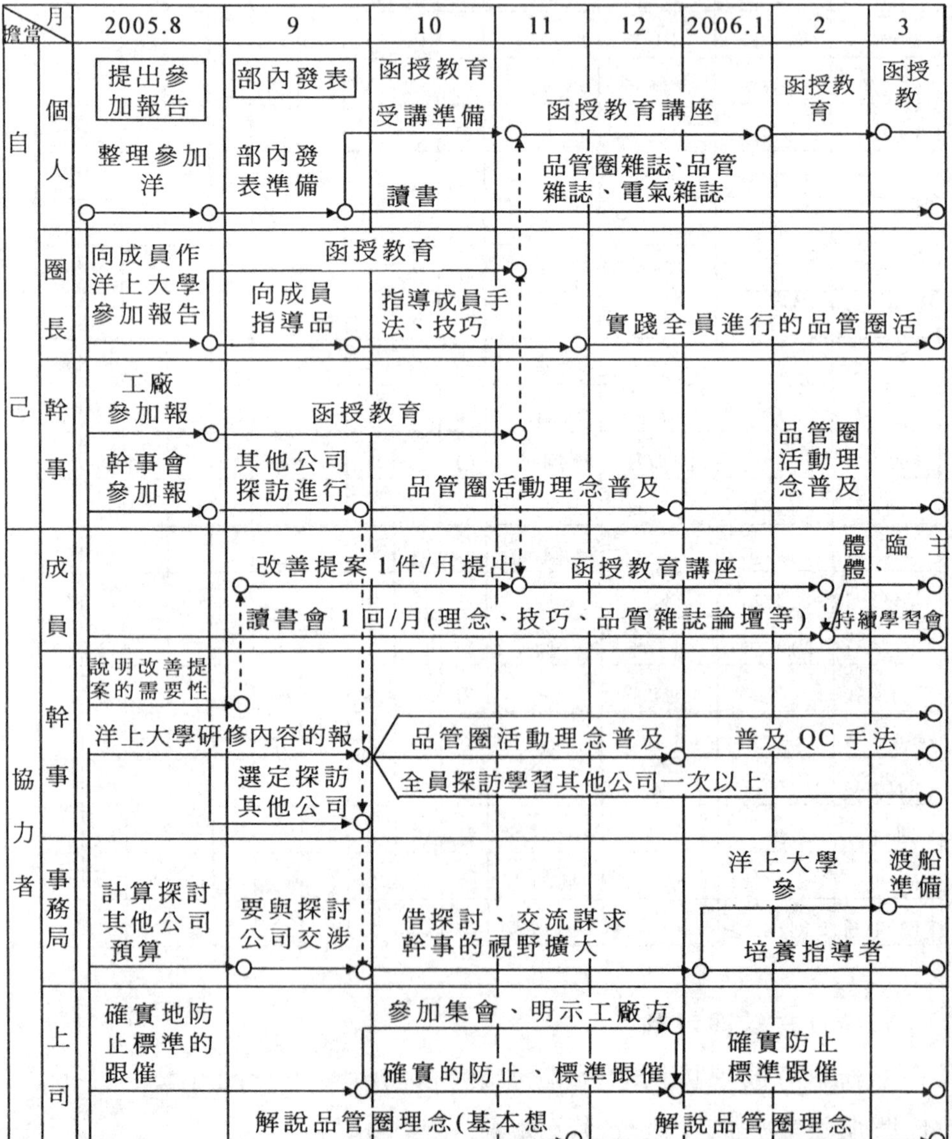

擔當＼月		2005.8	9	10	11	12	2006.1	2	3
自己	個人	提出參加報告　整理參加洋	部內發表　部內發表準備	函授教育受講準備　讀書	函授教育講座　品管圈雜誌、品管雜誌、電氣雜誌			函授教育	函授教
	圈長	向成員作洋上大學參加報告	向成員指導品	函授教育　指導成員手法、技巧		實踐全員進行的品管圈活			
	幹事	工廠參加報　幹事會參加報	其他公司探訪進行	函授教育　品管圈活動理念普及				品管圈活動理念普及	
協力者	成員		改善提案1件/月提出　讀書會1回/月(理念、技巧、品質雜誌論壇等)		函授教育講座			體　臨　主體、　持續學習會	
	幹事	說明改善提案的需要性　洋上大學研修內容的報	選定探訪其他公司	品管圈活動理念普及　全員探訪學習其他公司一次以上			普及QC手法		
	事務局	計算探討其他公司預算	要與探討公司交涉	借探討、交流謀求幹事的視野擴大			洋上大學參　培養指導者	渡船準備	
	上司	確實地防止標準的跟催		參加集會、明示工廠方　確實的防止、標準跟催			確實防止標準跟催		
			解說品管圈理念(基本想		解說品管圈理念				

圖書出版目錄

1. 傳播書香社會，凡向本出版社購買（或郵局劃撥購買），一律 9 折優惠。

   服務電話(02)27622241　(03)9310960　傳真(02)27620377　(03)9310961

2. 請將書款用 ATM 自動扣款轉帳到我公司下列的銀行帳戶。

   銀行名稱：合作金庫銀行　　帳號：5034-717-347447

   公司名稱：憲業企管顧問有限公司

3. 郵局劃撥號碼：18410591　郵局劃撥戶名：憲業企管顧問公司

4. 圖書出版資料隨時更新，請見網站　www.bookstore99.com

5. <kbd>電子雜誌贈品</kbd>　回饋讀者，免費贈送《環球企業內幕報導》電子報，
   請將你的 e-mail、姓名，告訴我們編輯部郵箱 huang2838@yahoo.com.tw
   即可。

經營顧問叢書

4	目標管理實務	320元	25	王永慶的經營管理	360元
5	行銷診斷與改善	360元	26	松下幸之助經營技巧	360元
6	促銷高手	360元	30	決戰終端促銷管理實務	360元
7	行銷高手	360元	32	企業併購技巧	360元
8	海爾的經營策略	320元	33	新產品上市行銷案例	360元
9	行銷顧問師精華輯	360元	37	如何解決銷售管道衝突	360元
10	推銷技巧實務	360元	46	營業部門管理手冊	360元
11	企業收款高手	360元	47	營業部門推銷技巧	390元
12	營業經理行動手冊	360元	52	堅持一定成功	360元
13	營業管理高手（上）	一套	55	開店創業手冊	360元
14	營業管理高手（下）	500元	56	對準目標	360元
16	中國企業大勝敗	360元	57	客戶管理實務	360元
18	聯想電腦風雲錄	360元	58	大客戶行銷戰略	360元
19	中國企業大競爭	360元	59	業務部門培訓遊戲	380元
21	搶灘中國	360元	60	寶潔品牌操作手冊	360元
22	營業管理的疑難雜症	360元	61	傳銷成功技巧	360元
23	高績效主管行動手冊	360元	63	如何開設網路商店	360元

68	部門主管培訓遊戲	360 元	109	傳銷培訓課程	360 元
69	如何提高主管執行力	360 元	111	快速建立傳銷團隊	360 元
70	賣場管理	360 元	112	員工招聘技巧	360 元
71	促銷管理（第四版）	360 元	113	員工績效考核技巧	360 元
72	傳銷致富	360 元	114	職位分析與工作設計	360 元
73	領導人才培訓遊戲	360 元	116	新產品開發與銷售	400 元
75	團隊合作培訓遊戲	360 元	117	如何成為傳銷領袖	360 元
76	如何打造企業贏利模式	360 元	118	如何運作傳銷分享會	360 元
77	財務查帳技巧	360 元	122	熱愛工作	360 元
78	財務經理手冊	360 元	124	客戶無法拒絕的成交技巧	360 元
79	財務診斷技巧	360 元	125	部門經營計劃工作	360 元
80	內部控制實務	360 元	127	如何建立企業識別系統	360 元
81	行銷管理制度化	360 元	128	企業如何辭退員工	360 元
82	財務管理制度化	360 元	129	邁克爾·波特的戰略智慧	360 元
83	人事管理制度化	360 元	130	如何制定企業經營戰略	360 元
84	總務管理制度化	360 元	131	會員制行銷技巧	360 元
85	生產管理制度化	360 元	132	有效解決問題的溝通技巧	360 元
86	企劃管理制度化	360 元	133	總務部門重點工作	360 元
87	電話行銷倍增財富	360 元	134	企業薪酬管理設計	
88	電話推銷培訓教材	360 元	135	成敗關鍵的談判技巧	360 元
90	授權技巧	360 元	137	生產部門、行銷部門績效考核手冊	360 元
91	汽車販賣技巧大公開	360 元	138	管理部門績效考核手冊	360 元
92	督促員工注重細節	360 元	139	行銷機能診斷	360 元
93	企業培訓遊戲大全	360 元	140	企業如何節流	360 元
94	人事經理操作手冊	360 元	141	責任	360 元
95	如何架設連鎖總部	360 元	142	企業接棒人	360 元
97	企業收款管理	360 元	143	總經理工作重點	360 元
98	主管的會議管理手冊	360 元	144	企業的外包操作管理	360 元
100	幹部決定執行力	360 元	145	主管的時間管理	360 元
106	提升領導力培訓遊戲	360 元	146	主管階層績效考核手冊	360 元
107	業務員經營轄區市場	360 元			

147	六步打造績效考核體系	360 元	182	如何改善企業組織績效	360 元
148	六步打造培訓體系	360 元	183	如何識別人才	360 元
149	展覽會行銷技巧	360 元	184	找方法解決問題	360 元
150	企業流程管理技巧	360 元	185	不景氣時期，如何降低成本	360 元
152	向西點軍校學管理	360 元	186	營業管理疑難雜症與對策	360 元
153	全面降低企業成本	360 元	187	廠商掌握零售賣場的竅門	360 元
154	領導你的成功團隊	360 元	188	推銷之神傳世技巧	360 元
155	頂尖傳銷術	360 元	189	企業經營案例解析	360 元
156	傳銷話術的奧妙	360 元	191	豐田汽車管理模式	360 元
158	企業經營計劃	360 元	192	企業執行力（技巧篇）	360 元
159	各部門年度計劃工作	360 元	193	領導魅力	360 元
160	各部門編制預算工作	360 元	194	注重細節（增訂四版）	360 元
161	不景氣時期，如何開發客戶	360 元	197	部門主管手冊(增訂四版)	360 元
162	售後服務處理手冊	360 元	198	銷售說服技巧	360 元
163	只爲成功找方法，不爲失敗找藉口	360 元	199	促銷工具疑難雜症與對策	360 元
			200	如何推動目標管理（第三版）	390 元
166	網路商店創業手冊	360 元	201	網路行銷技巧	360 元
167	網路商店管理手冊	360 元	202	企業併購案例精華	360 元
168	生氣不如爭氣	360 元	204	客戶服務部工作流程	360 元
169	不景氣時期，如何鞏固老客戶	360 元	205	總經理如何經營公司(增訂二版)	360 元
170	模仿就能成功	350 元	206	如何鞏固客戶（增訂二版）	360 元
171	行銷部流程規範化管理	360 元	207	確保新產品開發成功(增訂三版)	360 元
172	生產部流程規範化管理	360 元	208	經濟大崩潰	360 元
173	財務部流程規範化管理	360 元	209	鋪貨管理技巧	360 元
174	行政部流程規範化管理	360 元	210	商業計劃書撰寫實務	360 元
176	每天進步一點點	350 元	212	客戶抱怨處理手冊(增訂二版)	360 元
177	易經如何運用在經營管理	350 元	213	現金爲王	360 元
178	如何提高市場佔有率	360 元	214	售後服務處理手冊（增訂三版）	360 元
179	推銷員訓練教材	360 元	215	行銷計劃書的撰寫與執行	360 元
180	業務員疑難雜症與對策	360 元	216	內部控制實務與案例	360 元
181	速度是贏利關鍵	360 元	217	透視財務分析內幕	360 元

219	總經理如何管理公司	360 元
220	如何推動利潤中心制度	360 元
221	診斷你的市場銷售額	360 元
222	確保新產品銷售成功	360 元
223	品牌成功關鍵步驟	360 元
224	客戶服務部門績效量化指標	360 元
226	商業網站成功密碼	360 元
227	人力資源部流程規範化管理（增訂二版）	360 元
228	經營分析	360 元
229	產品經理手冊	360 元
230	診斷改善你的企業	360 元
231	經銷商管理手冊（增訂三版）	360 元
232	電子郵件成功技巧	360 元
233	喬·吉拉德銷售成功術	360 元
234	銷售通路管理實務〈增訂二版〉	360 元
235	求職面試一定成功	360 元

《商店叢書》

4	餐飲業操作手冊	390 元
5	店員販賣技巧	360 元
8	如何開設網路商店	360 元
9	店長如何提升業績	360 元
10	賣場管理	360 元
11	連鎖業物流中心實務	360 元
12	餐飲業標準化手冊	360 元
13	服飾店經營技巧	360 元
14	如何架設連鎖總部	360 元
18	店員推銷技巧	360 元
19	小本開店術	360 元
20	365 天賣場節慶促銷	360 元

21	連鎖業特許手冊	360 元
23	店員操作手冊（增訂版）	360 元
25	如何撰寫連鎖業營運手冊	360 元
26	向肯德基學習連鎖經營	350 元
28	店長操作手冊（增訂三版）	360 元
29	店員工作規範	360 元
30	特許連鎖業經營技巧	360 元
31	店員銷售口才情景訓練	360 元
32	連鎖店操作手冊（增訂三版）	360 元
33	開店創業手冊〈增訂二版〉	360 元
34	如何開創連鎖體系〈增訂二版〉	360 元
35	商店標準操作流程	360 元

《工廠叢書》

1	生產作業標準流程	380 元
5	品質管理標準流程	380 元
6	企業管理標準化教材	380 元
9	ISO 9000 管理實戰案例	380 元
10	生產管理制度化	360 元
11	ISO 認證必備手冊	380 元
12	生產設備管理	380 元
13	品管員操作手冊	380 元
15	工廠設備維護手冊	380 元
16	品管圈活動指南	380 元
17	品管圈推動實務	380 元
18	工廠流程管理	380 元
20	如何推動提案制度	380 元
24	六西格瑪管理手冊	380 元
29	如何控制不良品	380 元
30	生產績效診斷與評估	380 元
31	生產訂單管理步驟	380 元

32	如何藉助 IE 提升業績	380 元
34	如何推動 5S 管理（增訂三版）	380 元
35	目視管理案例大全	380 元
36	生產主管操作手冊(增訂三版)	380 元
37	採購管理實務（增訂二版）	380 元
38	目視管理操作技巧(增訂二版)	380 元
39	如何管理倉庫（增訂四版）	380 元
40	商品管理流程控制(增訂二版)	380 元
41	生產現場管理實戰	380 元
42	物料管理控制實務	380 元
43	工廠崗位績效考核實施細則	380 元
46	降低生產成本	380 元
47	物流配送績效管理	380 元
49	6S 管理必備手冊	380 元
50	品管部經理操作規範	380 元
51	透視流程改善技巧	380 元
52	部門績效考核的量化管理（增訂版）	380 元
53	生產主管工作日清技巧	380 元
55	企業標準化的創建與推動	380 元
56	精細化生產管理	380 元
57	品質管制手法〈增訂二版〉	380 元
58	如何改善生產績效〈增訂二版〉	380 元

《醫學保健叢書》

1	9 週加強免疫能力	320 元
2	維生素如何保護身體	320 元
3	如何克服失眠	320 元
4	美麗肌膚有妙方	320 元

5	減肥瘦身一定成功	360 元
6	輕鬆懷孕手冊	360 元
7	育兒保健手冊	360 元
8	輕鬆坐月子	360 元
9	生男生女有技巧	360 元
10	如何排除體內毒素	360 元
11	排毒養生方法	360 元
12	淨化血液　強化血管	360 元
13	排除體內毒素	360 元
14	排除便秘困擾	360 元
15	維生素保健全書	360 元
16	腎臟病患者的治療與保健	360 元
17	肝病患者的治療與保健	360 元
18	糖尿病患者的治療與保健	360 元
19	高血壓患者的治療與保健	360 元
21	拒絕三高	360 元
22	給老爸老媽的保健全書	360 元
23	如何降低高血壓	360 元
24	如何治療糖尿病	360 元
25	如何降低膽固醇	360 元
26	人體器官使用說明書	360 元
27	這樣喝水最健康	360 元
28	輕鬆排毒方法	360 元
29	中醫養生手冊	360 元
30	孕婦手冊	360 元
31	育兒手冊	360 元
32	幾千年的中醫養生方法	360 元
33	免疫力提升全書	360 元
34	糖尿病治療全書	360 元

35	活到 120 歲的飲食方法	360 元
36	7 天克服便秘	360 元
37	爲長壽做準備	360 元

《幼兒培育叢書》

1	如何培育傑出子女	360 元
2	培育財富子女	360 元
3	如何激發孩子的學習潛能	360 元
4	鼓勵孩子	360 元
5	別溺愛孩子	360 元
6	孩子考第一名	360 元
7	父母要如何與孩子溝通	360 元
8	父母要如何培養孩子的好習慣	360 元
9	父母要如何激發孩子學習潛能	360 元
10	如何讓孩子變得堅強自信	360 元

《成功叢書》

1	猶太富翁經商智慧	360 元
2	致富鑽石法則	360 元
3	發現財富密碼	360 元

《企業傳記叢書》

1	零售巨人沃爾瑪	360 元
2	大型企業失敗啓示錄	360 元
3	企業併購始祖洛克菲勒	360 元
4	透視戴爾經營技巧	360 元
5	亞馬遜網路書店傳奇	360 元
6	動物智慧的企業競爭啓示	320 元
7	CEO 拯救企業	360 元
8	世界首富　宜家王國	360 元
9	航空巨人波音傳奇	360 元
10	傳媒併購大亨	360 元

《智慧叢書》

1	禪的智慧	360 元
2	生活禪	360 元
3	易經的智慧	360 元
4	禪的管理大智慧	360 元
5	改變命運的人生智慧	360 元
6	如何吸取中庸智慧	360 元
7	如何吸取老子智慧	360 元
8	如何吸取易經智慧	360 元

《DIY 叢書》

1	居家節約竅門 DIY	360 元
2	愛護汽車 DIY	360 元
3	現代居家風水 DIY	360 元
4	居家收納整理 DIY	360 元
5	廚房竅門 DIY	360 元
6	家庭裝修 DIY	360 元
7	省油大作戰	360 元

《傳銷叢書》

4	傳銷致富	360 元
5	傳銷培訓課程	360 元
7	快速建立傳銷團隊	360 元
9	如何運作傳銷分享會	360 元
10	頂尖傳銷術	360 元
11	傳銷話術的奧妙	360 元
12	現在輪到你成功	350 元
13	鑽石傳銷商培訓手冊	350 元
14	傳銷皇帝的激勵技巧	360 元
15	傳銷皇帝的溝通技巧	360 元
16	傳銷成功技巧（增訂三版）	360 元
17	傳銷領袖	360 元

《財務管理叢書》

1	如何編制部門年度預算	360 元
2	財務查帳技巧	360 元
3	財務經理手冊	360 元
4	財務診斷技巧	360 元
5	內部控制實務	360 元
6	財務管理制度化	360 元
7	現金為王	360 元
8	財務部流程規範化管理	360 元
9	如何推動利潤中心制度	360 元

《培訓叢書》

1	業務部門培訓遊戲	380 元
2	部門主管培訓遊戲	360 元
3	團隊合作培訓遊戲	360 元
4	領導人才培訓遊戲	360 元
8	提升領導力培訓遊戲	360 元
9	培訓部門經理操作手冊	360 元
11	培訓師的現場培訓技巧	360 元
12	培訓師的演講技巧	360 元
14	解決問題能力的培訓技巧	360 元
15	戶外培訓活動實施技巧	360 元
16	提升團隊精神的培訓遊戲	360 元
17	針對部門主管的培訓遊戲	360 元
18	培訓師手冊	360 元
19	企業培訓遊戲大全(增訂二版)	360 元

為方便讀者選購，本公司將一部分上述圖書又加以專門分類如下：

《企業制度叢書》

1	行銷管理制度化	360 元
2	財務管理制度化	360 元
3	人事管理制度化	360 元
4	總務管理制度化	360 元
5	生產管理制度化	360 元
6	企劃管理制度化	360 元

《主管叢書》

1	部門主管手冊	360 元
2	總經理行動手冊	360 元
3	營業經理行動手冊	360 元
4	生產主管操作手冊	380 元
5	店長操作手冊(增訂版)	360 元
6	財務經理手冊	360 元
7	人事經理操作手冊	360 元

《人事管理叢書》

1	人事管理制度化	360 元
2	人事經理操作手冊	360 元
3	員工招聘技巧	360 元
4	員工績效考核技巧	360 元
5	職位分析與工作設計	360 元
6	企業如何辭退員工	360 元
7	總務部門重點工作	360 元
8	如何識別人才	360 元
9	人力資源部流程規範化管理(增訂二版)	360 元

《理財叢書》

1	巴菲特股票投資忠告	360 元
2	受益一生的投資理財	360 元

3	終身理財計劃	360 元
4	如何投資黃金	360 元
5	巴菲特投資必贏技巧	360 元
6	投資基金賺錢方法	360 元
7	索羅斯的基金投資必贏忠告	360 元
8	巴菲特爲何投資比亞迪	360 元

《網路行銷叢書》

1	網路商店創業手冊	360 元
2	網路商店管理手冊	360 元
3	網路行銷技巧	360 元
4	商業網站成功密碼	360 元
5	電子郵件成功技巧	360 元
6	搜索引擎行銷密碼(即將出版)	

《經濟叢書》

| 1 | 經濟大崩潰 | 360 元 |
| 2 | 石油戰爭揭秘(即將出版) | |

建立企業圖書館

當市場競爭激烈時：

培訓員工，強化員工競爭力
是企業最佳對策

「人才」是企業最大的財富。如何提升人才，是企業永續經營、戰勝對手的核心競爭力。積極培訓公司內部員工，是經濟不景氣時期的最佳戰略，而最快速的具體作法，就是**「建立企業內部圖書館，鼓勵員工多閱讀、多進修專業書籍」**

建議您：請一次購足本公司所出版各種經營管理類圖書，作為貴公司內部員工培訓圖書。（使用率高的，準備多本；使用率低的，只準備一本。）

最 暢 銷 的 工 廠 叢 書

	名　　稱	特价		名稱	特價
1	生產作業標準流程	380 元	2	生產主管操作手冊	380 元
3	目視管理操作技巧	380 元	4	物料管理操作實務	380 元
5	品質管理標準流程	380 元	6	企業管理標準化教材	380 元
8	庫存管理實務	380 元	9	ISO 9000 管理實戰案例	380 元
10	生產管理制度化	360 元	11	ISO 認證必備手冊	380 元
12	生產設備管理	380 元	13	品管員操作手冊	380 元
14	生產現場主管實務	380 元	15	工廠設備維護手冊	380 元
16	品管圈活動指南	380 元	17	品管圈推動實務	380 元
18	工廠流程管理	380 元	20	如何推動提案制度	380 元
21	採購管理實務	380 元	22	品質管制手法	380 元
23	如何推動 5S 管理（修訂版）	380 元	24	六西格瑪管理手冊	380 元
25	商品管理流程控制	380 元	27	如何管理倉庫	380 元
28	如何改善生產績效	380 元	29	如何控制不良品	380 元
30	生產績效診斷與評估	380 元	31	生產訂單管理步驟	380 元
32	如何藉助 IE 提升業績	380 元	33	部門績效評估的量化管理	380 元
34	如何推動 5S 管理（增訂三版）	380 元	35	目視管理案例大全	380 元
36	生產主管操作手冊（增訂三版）	380 元	37	採購管理實務（增訂二版）	380 元
38	目視管理操作技巧（增訂二版）	380 元	39	如何管理倉庫（增訂四版）	380 元
40	商品管理流程控制（增訂二版）	380 元	41	生產現場管理實戰案例	380 元

　　上述各書均有在書店陳列販賣，若書店賣完，而來不及由庫存書補充上架，請讀者直接向店員詢問、購買，最快速、方便！

　　請透過郵局劃撥購買：

郵局劃撥戶名：憲業企管顧問公司

郵局劃撥帳號：18410591

回饋讀者，免費贈送《環球企業內幕報導》電子報，請將你的
e-mail、姓名，告訴我們 huang2838@yahoo.com.tw 即可。

工廠叢書 ⑤⑦   售價：380 元

品質管制手法〈增訂二版〉

西元二〇〇三年二月	初版一刷
西元二〇一〇年五月	增訂二版一刷

編著：陳佑和

策劃：麥可國際出版有限公司（新加坡）

編輯：蕭玲

校對：焦俊華

發行人：黃憲仁

發行所：憲業企管顧問有限公司

電話：(02) 2762-2241　　(03) 9310960　　0930872873

臺北聯絡處：臺北郵政信箱第 36 之 1100 號

郵政劃撥：18410591 憲業企管顧問有限公司

江祖平律師顧問：紙品書、數位書著作權與版權均歸本公司所有

登記證：行政業新聞局版台業字第 6380 號

本公司徵求海外版權出版代理商 (0930872873)

ISBN：978-986-6421-55-6

擴大編制，誠徵新加坡、臺北編輯人員，請來函接洽。